Ihr Hobby

Norwegische Waldkatzen

Dominik Kieselbach

bede bei Ulmer

Inhaltsverzeichnis

Bildnachweis
Elvira und Friedrich Walz, Måneskinn's Norwegische Waldkatzen, 74196 Neuenstadt
Nicole Heitbrink und Rosita Tendiek, Norwegische Waldkatzen von Aminius, 55437 Appenheim
Margarete Leleithner, Norwegische Waldkatzen av Trollsfjord, 97209 Veitshöchheim
Martina und Bernd Heck, Blue Eye's, 60318 Frankfurt

Impressum
Die in diesem Buch enthaltenen Empfehlungen und Angaben sind von den Autoren mit größter Sorgfalt zusammengestellt und geprüft worden. Eine Garantie für die Richtigkeit der Angaben kann aber nicht gegeben werden. Autoren und Verlag übernehmen keinerlei Haftung für Schäden und Unfälle. Der Leser sollte bei der Anwendung der in diesem Buch enthaltenen Empfehlungen sein persönliches Urteilsvermögen einsetzen.

Bibliografische Information der Deutschen Nationalbibliothek
Die Deutsche Nationalbibliothek verzeichnet diese Publikation in der Deutschen Nationalbibliografie; detaillierte bibliografische Daten sind im Internet über http://dnb.d-nb.de abrufbar.

Wollgrasweg 41, 70599 Stuttgart (Hohenheim)
E-Mail: info@ulmer.de
Internet: www.ulmer.de
Titelfoto: Christine Steimer
Umschlagentwurf: Sojus Design, Kai Twelbeck, Stuttgart
Fachliche Durchsicht: Elvira Walz
Druck und Bindung: Westermann Druck, Zwickau
Printed in Germany

ISBN 978-3-8001-6762-3

Vorwort

Katzen begleiten den Menschen in Europa schon seit vielen hundert Jahren. Vermutlich wurden sie aus dem afrikanischen und ägyptischen Raum bereits im fünften bis sechsten Jahrhundert nach Europa gebracht. Sie wurden verehrt und gejagt, in menschlicher Obhut gepflegt, aber auch von Menschen getötet. Unsere Empfindungen diesen Tieren gegenüber sind seit jeher von starken Emotionen geprägt. Auch Rassekatzen faszinieren uns immer mehr, seitdem ihre Zucht am Ende des 19. Jahrhunderts in Europa begann. So können einige Rassen auch hierzulande auf eine über einhundertjährige Geschichte zurückblicken. Die Norwegische Waldkatze hat im Vergleich mit einigen modernen Rassen eine sehr lange Geschichte. Ihre Rassegeschichte ist jedoch wie bei den meisten Katzen recht kurz.

Erst seit Beginn der 1970er Jahre wird sie planmäßig gezüchtet. In ihrer Erscheinung sehr an die Maine Coon erinnernd, steht sie noch heute im Schatten ihrer größeren Schwester. Das soll den Liebhaber der Waldkatze aber nicht stören. Bleibt diese Rasse hierdurch vor vielen negativen Effekten verschont, die eine Rasse, die in Mode gekommen ist, zu spüren bekommt.
Die Norwegische Waldkatze fällt durch ihr dichtes Fell und den langen Winterpelz auf. Sie wirkt rein äußerlich wild, ursprünglich und naturnah. Dennoch ist sie sehr anhänglich, verschmust und kann problemlos auch in einer Stadtwohnung gehalten werden. Sie hat sich, wie alle Katzen, ihren eigenen Willen bewahrt, doch schätzt und sucht sie die Nähe ihres Menschen.

Norwegische Waldkatzen gibt es in vielen Farben. Diese hier sind rot- und schwarzgetigert, mit weißen Abzeichen. Foto: M. Leleithner

Wer sich für eine Norwegische Waldkatze entscheidet, der nimmt eine Katze bei sich auf, die einen Teil ihrer Wildheit bewahrt hat, und trotzdem für ein Leben in der Wohnung geeignet ist.

Die Geschichte der Rasse

Von der Wildkatze bis zu den modernen Rassekatzen war es ein langer und nicht immer einfacher Weg.
Fotos: I. Francais

Die Domestikation der Katze

Niemand kann mit Sicherheit sagen, wann und wo die ersten wilden Katzen ihren Weg zum Menschen gefunden haben. Doch es gibt einige Theorien, wie die Domestikation stattgefunden haben könnte, und verschiedene Anhaltspunkte dafür, wo die Katze domestiziert wurde. Vermutlich hat der Mensch die ersten Katzen nicht aktiv zu sich geholt. Wahrscheinlicher ist es, dass die Katze selbst die Nähe zu menschlichen Siedlungen suchte. Dies vor allem zu den Zeiten, in denen der Mensch sesshaft wurde und Ackerbau betrieb, denn die Kornkammern lockten Mäuse und andere Kleinnager in Scharen an – perfekte Bedingungen für die geschickten Jäger. Der Mensch bemerkte die Fähigkeiten der Katzen und den daraus für ihn resultierenden Nutzen sicher schnell. Er duldete die Katzen nicht nur, er war ihnen in den meisten Fällen bestimmt auch freundlich gesonnen. Dennoch waren dies Zeiten, in denen Mensch und Katze noch nicht unter einem Dach lebten – sie lebten nebeneinander her und nicht miteinander. Doch dies war nunmehr nur eine Frage der Zeit.

Ein Schritt der Domestikation war vermutlich die Aufzucht von Katzenwelpen in menschlicher Obhut. Foto: M. Leleithner

Evolutionsbiologisch könnte man vermuten, dass die Katzen mit der geringsten Scheu vor dem Menschen die größte Beute in seinen Siedlungen machten. Dies wiederum führte dazu, dass sie gesünder und kräftiger waren und sich somit auch häufiger fortpflanzten. So wurden in der Nähe von menschlichen Siedlungen verstärkt Katzen geboren, denen die natürliche Scheu vor dem Menschen immer mehr fehlte.

Verhaltensbiologisch gesehen könnten auch Katzen, die positive Erfahrungen in der Nähe des Menschen gesammelt haben, diese an ihre Welpen weitergeben haben, indem sie mit ihnen von Beginn an häufiger menschliche Siedlungen zur Jagd aufsuchten.

Eine andere Entwicklung erscheint allerdings am wahrscheinlichsten: Es blieb nicht aus, dass erste Welpen in menschlicher Obhut geworfen und aufgezogen wurden. Manche Kätzchen, deren Mütter die Geburt nicht überlebten, wurden sogar von Menshenhand großgezogen. Diese Katzen waren von Geburt an an den Menschen gewöhnt. Einige von ihnen verließen wahrscheinlich auch als erwachsene Katzen den Menschen nicht mehr. So wurde die Beziehung Mensch-Katze immer enger.

Norwegischer Stolz

Als die Norwegische Waldkatze 1977 endgültig von der FIFé anerkannt wurde, war dies ein Ereignis, das im ganzen Land für Aufregung sorgte. Berichte fanden sich nicht nur in den Tageszeitungen. Auch das Fernsehen berichtete darüber.

Wir haben also eine recht genaue Vorstellung davon, wie die Domestikation der Katze vonstatten gegangen ist. Wo sich das geschilderte Zusammenwachsen allerdings abspielte, kann bislang nicht abschließend beantwortet werden. Es ist sogar noch strittig, welche Wildkatzenart der Stammvater unserer Haus- und Rassekatzen ist. Wahrscheinlich ist die Afrikanische Wildkatze, *Felis lybica*, die Ahnin der modernen Katzen. Die näher verwandten Arten, die Europäische Wildkatze, *Felis silvestris*, und die Dschungelkatze, *Felis chaus*, gehören allerdings auch zu den wahrscheinlichen Vorfahren. Diese drei Arten sind sehr eng miteinander verwandt und untereinander fortpflanzungsfähig. Manche Wissenschaftler sehen in ihnen sogar nur Unterarten.

Die Einteilung der Rassekatzen

Es gibt leider nicht die eine, weltweit anerkannte Einteilung der Rassekatzen. Das liegt vor allem daran, dass es weltweit und sogar innerhalb Deutschlands verschiedene Verbände gibt, deren Einteilungen sich alle zumindest leicht unterscheiden. Einer der größten europäischen Verbände ist die FIFé, die Fédération Internationale Féline. Sie fasst sinnvollerweise nahe verwandte und ähnliche Rassen in folgenden Gruppen zusammen.

- **Langhaar**
- **Semilanghaar**
- **Kurzhaar**
- **Siamesen und Orientalisch Kurzhaar**
- **Hauskatzen**

Was ist eine Rassekatze?

Eine Katze, auch wenn sie noch so sehr wie eine Siam, Perser oder Ragdoll aussieht, ist erst dann eine Rassekatze, wenn ihre Abstammungspapiere ihre reinrassige Herkunft belegen. Diese Abstammungspapiere darf prinzipiell jeder ausstellen. Achten Sie deshalb auf die Seriösität des Vereins. Bei vielen Vereinen heißen Rassekatzen übrigens Edelkatzen.

Den Ursprung der Hauskatzen vermuten die meisten Wissenschaftler in Ägypten. Nicht zuletzt, weil hier auch die größte Verehrung dieser Tiere stattfand. Auch wenn man davon ausgeht, dass die Katze nicht in Ägypten domestiziert wurde, sondern bereits zahme Exemplare auf verschiedenen Handelswegen aus dem Orient in das Land kamen, so ging zumindest die Verbreitung sehr wahrscheinlich von Ägypten aus.

Nach Europa kamen die Katzen über Griechenland und Italien. Wann dies allerdings der Fall war, kann man kaum rekonstruieren. Sicher scheint jedoch, dass die ersten Katzen schon weit vor der ersten Jahrtausendwende ihren Weg zu uns nach Europa fanden.

Die Geschichte der Norwegischen Waldkatze

Katzen vom Typ der Norwegischen Waldkatze gibt es im Gebiet des heutigen Norwegens schon seit vielen hundert Jahren. Sie lebten dort frei in den Wäldern und entwickelten so ihr heute bekanntes Äußeres. Einige befanden sich aber auch schon in menschlicher Obhut. Noch heute leben einige dieser schönen Katzen wild in den Wäldern Norwegens.

Den genauen Ursprung dieser semilanghaarigen Rasse zu erkunden, ist nicht einfach. Es gibt viele Gerüchte und Vermutungen, sogar Sagen und Märchen, die sich um die Katzen im Norden Europas ranken, doch nur wenige Fakten sind überliefert.

Interessant im Zusammenhang mit dem Ursprung der Norwegischen Waldkatze ist vor allem die Frage, ob sich die Langhaarigkeit bei ihr erst entwickelte, nachdem sie nach Norwegen gekommen war, oder ob bereits langhaarige Katzen in dieses Gebiet gebracht wurden. Letztlich ist dies auch die Frage danach, ob die heute bekannten langhaarigen und semilanghaarigen Katzen auf einen gemeinsamen Ahnen zurückgeführt werden können, oder ob sich die Mutation zur Langhaarigkeit in verschiedenen Regionen der Welt unabhängig voneinander wiederholte. Bislang liegen hierzu keine gesicherten Erkenntnisse vor. So bleibt weiterhin Raum für Spekulationen.

Die Legenden, die sich um den Ursprung der Norwegischen Waldkatze ranken, reichen bis in die Zeit der Wikinger zurück. Ob diese allerdings bereits langhaarige Katzen kannten, ist fraglich.
Fotos: N. Heitbrink

Domestikation

Die Domestikation der Wildkatze fand nicht von heute auf morgen statt. Vermutlich hat es sogar viele Jahrhunderte gedauert, bis die ersten Nachkommen der Katzen, die in den Siedlungen jagten, in menschlicher Obhut aufwuchsen.

Geliebt und verfolgt

Die Sympathien, die der Katze entgegengebracht wurden, waren nicht in allen Ländern und zu allen Zeiten gleich groß. Den Höhepunkt ihrer Beliebheit und gotthaften Verehrung erreichte sie etwa 1000 v. Chr. in Ägypten. Als Katzengöttin Bastet verehrt, stand sie für Sanftmut und sollte die Menschen vor bösen Einflüssen und Krankheit schützen. Der Tiefpunkt in der Geschichte der Katzen liegt im westlichen Europa des Mittelalters zwischen dem 13. und dem 17. Jahrhundert. Die Katzen wurden verfolgt und getötet. Man brachte sie mit Hexerei in Verbindung und verfolgte sie als Götzenbilder des heidnischen Kultes der Wikinger.

Katzen tauchten schon in der Mythologie der Normannen auf. Eine Katze war so groß, dass selbst Thor sie nicht heben konnte, zwei andere zogen den Wagen von Freya, der Gemahlin des Göttervaters Odin. Es ist also sehr wahrscheinlich, dass sich zur Blütezeit der Normannen zwischen 700 und 800 n. Chr. bereits Katzen im heutigen Schweden, Norwegen und Finnland, der Heimat dieses Volkes, befanden. Ob dies allerdings schon die typischen semilanghaarigen Waldkatzen waren, wissen wir nicht. Es erscheint zumindest aus einem Grund recht unwahrscheinlich: Die Normannen, vielen besser bekannt als Wikinger, sind auf ihren Eroberungszügen sehr weit herumgekommen. Es ist wahrscheinlich, dass sie ihre Katzen als Mäuse- und Rattenvernichter

Nicht immer waren Katzen beim Menschen so beliebt, wie sie dies heute sind. Foto: M. Leleithner

Dieser Norwegische Waldkater ist Großer Internationaler Champion. Foto: N. Heitbrink

auf den Schiffen mit sich nahmen und diese so auf ihren Eroberungszügen verbreiteten. Es wird aber nicht über lang- oder semilanghaarige Katzen aus jener Zeit berichtet. So waren die Katzen der Wikinger wahrscheinlich kurzhaarig. Sie kamen vermutlich schon im fünften oder sechsten Jahrhundert auf dem Landweg in den hohen Norden Europas.
Schriftliche Erwähnungen der Katzen Norwegens bleiben bis ins 19. Jahrhundert eine Seltenheit und auch ab dann hört man noch wenig von ihnen. Dies lag zweifellos weniger daran, dass es sie in Norwegen und anderen nördlichen Gebieten Europas, einschließlich Russland, selten gab, sondern dass sie einfach zu gewöhnlich waren, um besondere Erwähnung zu finden. Lediglich in Erzählungen, Märchen und Gedichten tauchten immer wieder Katzen auf, deren Beschreibung dann und wann auch auf langhaarige Vertreter schließen lässt.
Die Frage, ob die semilanghaarigen Katzen Norwegens eine eigene Fellmutation darstellen und demnach die Vorfahren dieser Waldkatzen kurzhaarige Katzen waren, die schon lange dort heimisch waren, oder ob langhaarige Katzen aus dem persischen Gebiet die Ahnen der Norwegischen Waldkatze sind, kann nicht mit Sicherheit beantwortet werden.

Es konnte bis heute nicht geklärt werden, ob das lange Haar der Norwegischen Waldkatzen eine eigene Mutation darstellt oder ob bereits langhaarige Katzen nach Europa kamen.
Foto: M. Leleithner

Vergessen Sie niemals, dass Ihre Katze kein Spielzeug ist, sondern ein Lebewesen mit Gefühlen, die Sie respektieren, und Bedürfnissen, die Sie befriedigen müssen. Foto: E. und F. Walz

Schein und Sein

Man unterscheidet – nicht nur in der Zucht – zwischen dem Phänotyp, also der äußeren Erscheinung, und dem Genotyp, dem genetischen Material, eines Lebewesens. Ziel der Reinzucht ist es, neben einem klaren Erscheinungsbild einer Rasse auch den Genotyp zu festigen. Dies gelingt bei rezessiven Genen besonders gut, da diese nur dann ausgeprägt sind, wenn sie reinerbig vorliegen.

Die Rassegeschichte der Norwegischen Waldkatze

Weit können die Ahnen der Norwegischen Waldkatze zurückverfolgt werden, ihre Rassegeschichte ist jedoch noch jung. Die endgültige Anerkennung der FIFé erlangte sie erst im November 1977. Überhaupt dauerte es sehr lange, bis erste Anstrengungen angestellt wurden, diesen Katzenschlag gezielt zu züchten und so in seiner Erscheinung und Wesensart zu erhalten. Als am Ende des 19. Jahrhunderts das Interesse an der Rassekatzen-Zucht einsetzte, und 1871 im Crystal Pallace in London die erste Katzenausstellung stattfand, interessierte sich kaum jemand für die vermeintlich „wilden“ und ursprünglichen Katzenschläge. Wer sich für eine längerhaarige Katze begeistern konnte, tat dies in erster Linie für eine Perser.

Lange werden die jungen Norweger nicht so ruhig in ihrem Körbchen sitzen. Diese Katzen sind sehr agil! Foto oben: I. Francais Foto unten: Besitzer: M. und B. Heck Foto: Studio Gierth

Semilanghaarkatzen

Die Ahnen unserer Hauskatze hatten kurzes Fell. Es bietet Schmutz kaum Halt und kann von der Katze selbst gut sauber gehalten werden. Das lange Haar mancher Rassen ist das Produkt von Mutationen und gezielter Weiterzucht. Das Gen für die Langhaarigkeit wird rezessiv vererbt. Sind also beide Eltern langhaarig, kann es nur langhaarige Welpen geben. Die semilanghaarigen Rassen bilden hierbei tatsächlich eine Zwischenform. Das Fell ist länger als bei den Kurzhaar-Rassen, aber in seiner Beschaffenheit und seinem Pflegeanspruch nicht so kompliziert wie das der langhaarigen Rassen.

Haartypen

Das Fell der Katze besteht ursprünglich aus drei Haartypen: Dem Leithaar, es bildet das sogenannte Deckhaar, dem Grannen- und dem Unterhaar, welche zusammen auch als Unterwolle bezeichnet werden. Die längeren Sinneshaare, wie beispielsweise die Schnurhaare, sind von ihrem Ursprung her Leithaare.

Eine der ersten Wildtyp-Katzen, die als Rasse reingezüchtet wurde, war die Maine Coon. In ihrem äußeren Typ der Norwegischen Waldkatze sehr ähnlich, wird sie immer den Konkurrentenstatus zu ihr behalten. Und obwohl sie erst 1983 die Anerkennung der FIFé in Europa erlangte, ist sie die bekanntere und verbreitetere Rasse. In den USA wurde sie seit den 1950er Jahren wieder vermehrt gezüchtet, nachdem sie Anfang des 20. Jahrhunderts durch die aufkommende Popularität anderer Rassen, vor allem jener der Perser, fast in Vergessenheit geriet.

Erst in den frühen 1970er Jahren begannen einige norwegische Züchter damit, den „wilden" Katzen ihrer Heimat mehr Beachtung entgegenzubringen. Ein Grund lag zweifelsohne darin, dass der langhaarige Schlag der einheimischen Katzen immer rarer wurde. Die Langhaarigkeit wird nämlich nur rezessiv vererbt. Dies bedeutete, dass bei vermehrten Paarungen zwischen lang- und kurzhaarigen Katzen letztlich nurmehr Katzen mit kurzem Fell übrig bleiben werden.

Im Jahr 1973 starteten die Züchter und Vorstandsmitglieder des Norsk Rasekattklubbers Riksforbund (NRR) Carl Frederic Nordane und seine Frau Helen zusammen mit der Züchterin Edel Runas einen Aufruf an alle Menschen mit Katzen vom Waldkatzen-Typ, sich bei ihnen zwecks Aufbaus eines Zuchtprogramms zu melden. Über die Perser-Züchterin Sonya Borgel wurde der Kontakt zu dem Ehepaar Egil und Else Nylund hergestellt, in deren Besitz sich Katzen befanden, die dem gesuchten Typ weitestgehend entsprachen – darunter auch der Kater Pans Trul, der zum Stammvater der Rasse werden sollte.

Von nun an ging alles recht schnell. 1974 fand die erste planmäßige Paarung zwischen besagtem Pans Trul und einer Katze von Edel Runas statt. In der folgenden Zeit wurde auf Ausstellungen aktiv für die Anerkennung der Rasse geworben. Im Folgejahr 1975 wurde der erste Klub für Norwegische Waldkatzen, der Norsk Skogkattring, unter dem Patronat des norwegischen Dachverbandes gegründet. Edel Runas und das Ehepaar Nylund gehörten selbstverständlich zu den Gründungsmitgliedern.

Die Auswahl der Zuchtkatzen war streng und die Anzahl der Katzen, die von den Ausstellungsrichtern als echte Norwegische Waldkatzen bewertet wurden, klein. Dennoch gelang die weitere Reinzucht in drei Generationen, die von der FIFé vor der Anerkennung einer neuen Rasse gefordert werden. Im Jahr 1977 war es dann soweit. Bei der Generalversammlung der FIFé in Paris erhielt die Rasse die volle Anerkennung und, wie konnte es anders sein, wurde Pans Trul als erste Katze eingetragen.

Foto: I. Francais

Norwegische Waldkatzen fallen äußerlich vor allem durch ihren dichten Winterpelz und den langen, buschigen Schwanz auf. Besonders markant ist die starke Halskrause.
Foto: M. Leleithner

Charakter und Rassestandard

Jede Katze ist ein Individuum und es wäre falsch, alle Norwegischen Waldkatzen über einen Kamm zu scheren. Rassekatzen unterscheiden sich jedoch nicht nur durch äußerliche Merkmale, sondern zeigen auch typische Verhaltensweisen und Wesenszüge. Diese können stärker oder schwächer ausgeprägt sein, dennoch sind sie in der Regel vorhanden und für die Rasse somit als typisch anzusehen.

Der Charakter der Norwegischen Waldkatze

Die Norwegische Waldkatze ist eine der ursprünglichsten Rassen, die wir kennen. In ihrer Heimat leben Katzen dieses Schlages bis heute wild in den Wäldern. Erst seit den 1970ern wird diese Rasse gezüchtet. Immer wieder wurden in der Anfangszeit der Zucht neue typische Katzen der planmäßigen Zucht zugeführt. Die Ursprünglickeit der Rasse schließt unter anderem ein, dass sie einen recht ausgeprägten Jagdinstinkt in sich trägt. In der Wohnung werden Sie schnell ihre gewaltige Sprungkraft kennenlernen. Diese nicht gerade kleinen Katzen können beachtliche Höhen und Weiten überspringen. Dies sollten Sie unbedingt bei der Einrichtung Ihrer Wohnung berücksichtigen. So vermeiden Sie sowohl, dass sich Ihre Katze verletzten kann, als auch, dass wertvolle Gegenstände zu Bruch gehen.

Die Krallen der Norwegischen Waldkatze sind sehr robust. Der Kratzbaum muss dementsprechend stabil sein. Bringen Sie Ihrer Katze schnell bei, den Kratzbaum zu nutzen, ansonsten werden diverse Einrichtungsgegenstände leiden. Außer durch ihren Jagdinstinkt angetrieben ist die Norwegische Waldkatze kein besonders starker Streuner, wie man vielleicht annehmen könnte. Sie kann problemlos in der Wohnung gehalten werden, doch profitiert sie ganz sicher davon, gelegentlich die Möglichkeit zu bekommen, auch im Winter ins Freie gehen zu dürfen. Ein katzensicherer Balkon ist hier schon ausreichend. So ist auch die Norwegische Waldkatze ein idealer Bewohner einer Großstadtwohnung. Sie ist kein aufdringlicher Mitbewohner und auch nicht sehr mitteilungsbedürftig. Sie sucht aber, sobald Sie zu Hause sind, Ihre Nähe und freut sich über jede Streicheleinheit. Die Toleranz und Kontaktfreude der Norwegischen Waldkatze ermöglicht ein problemloses Zusammenleben mit anderen Rassen ebenso wie mit Hunden. Auch der freundliche Umgang mit Kindern ist für diese Rasse selbstverständlich.

Jede Katze ist ein Individuum und hat ihren eigenen Charakter. Ob eine Katze sich eher zum Draufgänger, zur zurückhaltenden Diva oder zum lustigen Kumpel entwickeln wird, merkt man ihr oft schon als Welpe an. Foto: I. Francais

Das Aussehen der Norwegischen Waldkatze

Die Norwegische Waldkatze ist eine große Rasse. Kater können bis zu zwölf Kilogramm wiegen, Katzen bis zu acht. Diese Gewichte werden jedoch nur selten erreicht. Ihr semilanghaariges Fell erreicht im Winter eine eindrucksvolle Dichte. Als Spätentwickler brauchen Katzen dieser Rasse drei bis vier Jahre bis sie ausgewachsen sind. Das gewünschte Aussehen beschreibt der Rassestandard detailliert.

Der FIFé-Standard der Norwegischen Waldkatze

Allgemein
Groß.

Kopf
Form: Dreieckig, wobei alle Seiten gleich lang sind; mit guter Höhe, im Profil gesehen; Stirn leicht gerundet; langes, gerades Profil ohne Unterbrechung (Stop).

Kinn Kräftig.

Ohren
Form: Groß; mit guter Breite an der Basis; spitz zulaufend; luchsartige Haarpinsel und lange Haarbüschel in den Ohren.
Platzierung: Hoch und offen, so dass die äußere Linie der Ohren in einer Linie über die Backen bis hin zum Kinn verläuft.

Augen
Form: Groß und oval, gut geöffnet, leicht schräg gestellt.
Ausdruck: Wachsamer Ausdruck.
Farbe: Alle Farben sind erlaubt, unabhängig von der Fellfarbe.

Der Standard

Für jede Rassekatze gibt es einen Standard. Der Standard beschreibt den idealen Vertreter dieser Rasse. Wie auch bei der Rasseeinteilung gibt es leider keinen alleinigen weltweit gültigen Standard für die Norwegische Waldkatze. Vielmehr besitzt jeder Verband seinen eigenen Standard oder erkennt einen der anderen auch für sich an. Der abgedruckte Standard ist der der FIFé.

Körper
Lang, kräftig gebaut, kräftiger Knochenbau.

Beine
Kräftig, hochbeinig, wobei die Hinterbeine höher als die Vorderbeine sind.

Pfoten
Groß, rund, in Proportion zu den Beinen.

Schwanz
Lang und buschig; sollte mindestens bis zu den Schulterblättern, vorzugsweise jedoch bis zum Nacken reichen.

Fell
Struktur: Halblang; das wollige Unterfell wird auf dem Rücken und den Flanken von wasserabstoßendem Deckhaar überdeckt, das aus langen, groben und glänzenden Grannenhaaren besteht. Eine voll im Fell stehende Katze besitzt eine Hemdbrust, eine volle Halskrause und Knickerbocker.
Farbe: Alle Farben sind erlaubt, inklusive aller Farben mit weiß, mit Ausnahme von

Norwegische Waldkatzen entwickeln sich langsam, so kann es einige Jahre dauern, bis sich auch das Fell in seiner ganzen Pracht zeigt. Foto: I. Francais

Kastration

Wenn Sie nicht planen, Ihre Katze auszustellen oder mit Ihr zu züchten, sollten Sie sie kastrieren lassen. Im Gegensatz zur Sterilisation, bei der die Eileiter durchtrennt und somit eine Trächtigkeit verhindert wird, werden hierbei die hormonproduzierenden Eierstöcke komplett entfernt. Der Geschlechtstrieb und somit die Symptome der Rolligkeit der Katze werden so komplett unterdrückt. Auch einen Kater sollten Sie kastrieren lassen. Wird er geschlechtsreif, beginnt er ansonsten sein Revier mit Urin zu markieren, was eine kaum auszuhaltende Geruchsbelästigung bedeutet.

pointed Abzeichen, chocolate und lilac, cinnamon und fawn. Jede Menge an Weiß ist erlaubt, i. e. eine weiße Flamme, ein weißes Medaillon, weiß an der Brust, weiß an den Pfoten etc.

Anmerkung
Das Fell wird nur an Textur und Fellqualität bewertet. Einer sehr langsamen Entwicklung der Katze sollte Rechnung getragen werden. Vollentwickelte Kater können größere und breitere Köpfe als Kätzinnen haben. Die Länge des Fells und die Dichte der Unterwolle variieren mit den Jahreszeiten. Bei Kitten kann die Entwicklung der Grannenhaare bis zum Alter von sechs Monaten dauern.

Fehler
Allgemein: Zu kleine oder zu fein gebaute Katzen.

Kopf: Runder oder viereckiger Kopf mit Break (Stop)

Die Pointed-Zeichnung
Ursprünglich gab es die Pointed-Zeichnung nur bei der Siam. Durch geschickte Einzucht findet man sie heute bei vielen Rassen. Die Zuchtlinien der Norwegischen Waldkatze sollen jedoch frei von anderen Rasse bleiben. Auf diese Weise soll die Ursprünglichkeit der Katzen gesichert werden. So ist die Pointed-Zeichnung, bei der nur Ohren, Maske, Extremitäten, Pfoten und Schwanz voll ausgefärbt sind, bei ihr nicht erlaubt.

Ohren: Kleine Ohren; Ohren zu weit auseinander oder Ohren zu eng beisammen gesetzt.

Beine: Kurze, dünne Beine.

Schwanz: Kurzer Schwanz.

Fell: Trockenes, filziges oder seidiges Fell.

Wollen Sie ausstellen oder züchten?

Rassekatzen müssen, soll mit ihnen gezüchtet werden oder sollen sie erfolgreich an Ausstellungen teilnehmen, dem Zuchtstandard entsprechen. Solche sogenannte Zuchtkatzen sind teuer. Günstiger sind Katzen, die kleine Schönheitsfehler aufweisen und vom Züchter als sogenannte Liebhaberkatzen verkauft werden. Solche Katzen sind nicht weniger liebenswert oder gar zweite Wahl – meist sind es nur geringe Farb- oder Zeichnungsfehler, die sie von der weiteren Zucht ausschließen.

Foto: N. Heitbrink

Überlegungen vor dem Kauf

So sehr Sie auch von dem Gedanken fasziniert sein mögen, mit einer Katze zusammenzuleben, es gibt einige Dinge, die Sie vor der Anschaffung unbedingt bedenken müssen.

Nicht wenige Menschen sind gegen Katzenhaare allergisch. Sollte auch nur ein Mitglied Ihres Haushalts an solch einer Allergie leiden, müssen Sie von der Anschaffung unbedingt absehen. Eine Desensibilisierung, die bei Heuschnupfen und manch anderer Allergie helfen kann, hat hier kaum Erfolg. Der Allergiker ist den Haaren massiv und ständig ausgesetzt, was entweder sofort oder auf Dauer zu schweren Gesundheitsproblemen führen kann.

Diese Norwegische Waldkatze ist Internationaler Champion. Auf dem Foto ist sie bereits in der sechsten Woche schwanger
Foto: N. Heitbrink

Wenn Sie zur Miete wohnen, sollten Sie Ihren Vermieter um eine schriftliche Einverständniserklärung bitten, in der Ihnen die Haltung gestattet wird. Rechtlich gesehen hat der Vermieter die Haltung einer Katze zu gestatten, auch wenn diese im Mietvertrag verboten ist. Die Katzenhaltung gehört heutzutage zum normalen Wohnkomfort, solange keine Belästigung anderer Mieter entsteht. Dies ist vor allem dann der Fall, wenn viele Katzen gehalten werden, die Katzen nicht kastriert wurden und lautstark nach einem Partner rufen oder gar gezüchtet wird.

Der Zeitaufwand, den die Katzenhaltung mit sich bringt, ist ein weiterer Punkt, den es sorgfältig zu überdenken gilt. Ihre Katze möchte nicht nur täglich gefüttert werden, sie braucht Ihre Zuwendung, Streicheleinheiten, Spielstunden und muss gepflegt werden. Insgesamt müssen Sie hierfür mindestens drei Stunden täglich einrechnen.

Die finanziellen Aufwändungen sollten Sie ebenfalls nicht unterschätzen. Neben den einmaligen Anschaffungskosten entstehen Ihnen für Futter, Streu, Spielzeug und Tierarztbesuche regelmäßige Kosten. Auf das Jahr umgerechnet sind dies, je nach Art des verwendeten Futters, mindestens 50 bis über 100 €.

Grundsätzliche Überlegungen

Vor dem Kauf einer Katze fragen Sie sich, ob

- kein Haushaltsmitglied eine Allergie gegen Katzenhaare hat.
- Ihr Vermieter die Haltung gestattet.
- Sie täglich die Zeit für Pflege, Spiel- und Streichelstunden haben.
- Sie das Geld für Zubehör, Futter und Tierarztbesuche aufbringen können und wollen.

Nur wenn Sie alle diese Fragen positiv beantworten können, sollten Sie sich eine Katze anschaffen.

Katze oder Kater?

Wenn Sie mit Ihrer Katze nicht züchten, werden Sie sie kastrieren lassen. Die Unterschiede im Verhalten sind dann kaum mehr spürbar. Die Männchen sind meist etwas größer und massiger.

Woher bekomme ich meine Katze?

Sie haben sich aufgrund ihres Aussehens und Wesens für den Kauf einer Rassekatze entschieden. Selbstredend erwarten Sie von Ihrem künftigen Mitbewohner genau diese rassetypischen Eigenschaften. Außerdem möchten Sie natürlich ein körperlich und geistig gesundes Tier erhalten. Dies ist nur dann gewährleistet, wenn Sie die Katze aus vertrauensvollen Händen erwerben.

Katzen brauchen den Kontakt zum Menschen – von Geburt an. Kein seriöses Zoogeschäft verkauft Ihnen darum eine Katze, denn der ständige Kontakt zum Menschen ist hier nicht möglich. Idealerweise erwerben Sie Ihre Rassekatze bei einem Züchter, der Mitglied in einem seriösen Klub ist und seine Katzen bei sich in der Wohnung großzieht.

Die Grundausstattung

Zur Grundausstattung für Ihre Katze gehören:

- **ein Wassernapf**
- **ein Napf für Feucht- und Trockenfutter**
- **eine Katzentoilette und Streu**
- **ein Kratzbaum und ein Körbchen**
- **eine stabile Transportbox**
- **Futter und Leckerbissen**
- **sanfte Reinigungsmittel**
- **ein Halsband mit Adressanhänger**
- **Kamm und Bürste für die Fellpflege**
- **katzensicheres Spielzeug**

Auswahl des Züchters

Züchteradressen erhalten Sie von jedem Katzenverein. Es gibt einen angesehenen intenationalen Dachverband der Rassekatzenzüchter, die FIFé (Fédération Internationale Féline). Der Deutsche Dachverband, der 1. DEKZV e. V. (1. Deutsche Edelkatzenzüchterverband), ist Mitglied dieser Organisation. Fragen Sie bei den Züchtern nach, ob Würfe geplant sind oder gerade Kätzchen zum Verkauf angeboten werden. Häufig wird das englische Wort *kitten* (Kätzchen) für die jungen Katzen verwendet. Die Kitten-Vermittlung der Vereine weiß immer, welcher Züchter gerade einen Wurf hat oder plant.

Besuchen Sie unbedingt verschiedene Züchter und finden Sie heraus, welcher Ihnen mit seinen Welpen am meisten zusagt. Ein seriöser Züchter züchtet nur mit rassereinen Katzen, die einen gesicherten Stammbaum vorweisen können. Seine Katzen sind gesund und zeigen einen guten Charakter. Er betreibt die Zucht aus Passion und als Hobby, denn man kann damit nicht das große Geld verdienen. Er wird sich sehr für das neue zu Hause seiner Kätzchen interessieren und Ihnen viele Fragen stellen. Manche Züchter lassen es sich auch nicht nehmen, den neuen Besitzern das Kätzchen nach Hause zu bringen. Nutzen Sie diese Chance, denn der erfahrene Blick des Züchters wird bestimmt noch die eine oder andere gefährliche Stelle in Ihrer Wohnung zu beseitigen helfen.

Vom Züchter nach Hause

In aller Regel werden Sie Ihre Katze selbst beim Züchter abholen. Die Fahrt nach Hause kann für die kleine Katze recht anstrengend werden. Am besten haben Sie eine stabile Transportbox dabei, die Sie mit einer Decke bequem ausstaffieren. Vor und während der Fahrt sollte die Katze weder fressen noch größere Mengen trinken dürfen – dies würde ihr nur unnötig Magen und Darm füllen.

Die jungen Katzen werden frühestens im Alter von zwölf Wochen abgegeben, meist erst mit dem Vollenden der sechzehnten Lebenswoche. Bis dahin sorgen sich die Katzenmutter und der Züchter um die Kleinen. Wenn Sie Ihre Katze im Alter von zwölf Wochen abholen, ist sie bereits entwurmt und die Grundimmunisierung ist fast abgeschlossen (siehe Impfschema). Für die ersten Tage werden Sie von Ihrem Züchter das gewohnte Futter mitbekommen, damit es zu keiner zu schnellen Futterumstellung kommt. Am besten füttern Sie auch künftig nach den Empfehlungen des Züchters. Er wird Ihnen vielleicht einen guten Tierarzt in Ihrer Nähe empfehlen können, den Sie möglichst innerhalb von zwei Wochen nach der Übernahme der Katze einmal mit ihr aufsuchen. Sie können die kleine Katze von Grund auf untersuchen lassen und gegebenenfalls die nächsten Impftermine absprechen.

Auswahl des Kätzchens

Sie haben dem Züchter gesagt, ob Sie eine Liebhaber-, Ausstellungs- oder Zuchtkatze erwerben möchten. Er wird Ihnen zeigen, welche Kätzchen für Ihre Ansprüche infrage kommen und Sie dabei sicher gut beraten. Ein seriöser Züchter hat schließlich einen Ruf zu verlieren. Auf ein paar Dinge sollten Sie bei der Auswahl trotzdem achten.
Junge Katzen sind sehr verspielt und neugierig. Werden Sie misstrauisch, wenn ein Kätzchen sich wenig bewegt, scheu oder ängstlich ist und kein Interesse am Spiel mit Ihnen oder den anderen zeigt. Sie sind kein Tierarzt, aber auf ein paar Krankheitsanzeichen können Sie achten. So darf kein Ausfluss an den Ohren und Augen erkennbar sein, das Fell muss glänzen und auch um den After herum sauber sein. Die Ohren müssen frei von Parasiten sein, die Sie an einem dunklen Belag und einem schlechten Geruch leicht erkennen können. Die Augen müssen klar sein, es darf keine Trübung erkennbar sein. Die Nase ist trocken und kühl.

Schon bevor Ihr Kätzchen zu Ihnen nach Hause kommt, wartet eine Menge Arbeit auf Sie. Die Wohnung will gut vorbereitet sein!
Besitzer: M. u. B. Heck
Foto: Studio Gierth

Katzensicher?

Wenn eine Katze zu Ihnen ins Haus kommt, muss die Umgebung katzensicher gemacht werden. Achten Sie darauf, dass sich keine giftigen Pflanzen, Putzmittel oder auch Medikamente und Chemikalien in Reichweite der Katze befinden. Stellen Sie auch sicher, dass alle Einrichtungsgegenstände sicher stehen und nicht umkippen können, wenn die Katze hinaufspringt.

Wer seine Katze erst einmal richtig kennt, merkt ihr schnell an, ob es ihr gut geht. Foto: I. Francais

Eine zweite Katze

Es gibt keine Katze, die lieber alleine lebt. Am einfachsten ist es, wenn Sie gleich zu Beginn zwei Katzen aus einem Wurf erwerben, die sich sicher gut verstehen werden. Besitzen Sie bereits eine Katze, gelingt die Gewöhnung an eine junge Katze von maximal drei bis vier Monaten am problemlosesten.

Katzen und andere Haustiere

Wenn sie von kleinauf aneinander gewöhnt werden, verstehen sich Katzen mit vielen Haustieren – selbst mit Hunden und kleinen Nagern. Doch sollten Sie gerade im Spiel mit Kleinnagern, der natürlichen Beute jeder Katze, keine Experimente wagen. Freundschaften sind hier eher die Ausnahme. Die Gewöhnung an Hunde funktioniert meist gut, wenn beide noch jung sind.

Die Eingewöhnung

Katzen gewöhnen sich unterschiedlich schnell an ihr neues Zuhause. Die Eingewöhnung fällt jungen Katzen meist einfacher als älteren. Am einfachsten verläuft die Umstellung, wenn Sie zwei Wurfgeschwister gleichzeitig bei sich aufnehmen. Vergessen Sie nicht, dass die Kätzchen nicht nur in eine fremde, ungewohnte Umgebung kommen, sondern auch von ihrer Mutter und den Geschwistern getrennt werden. Wenn dann noch ein Freund aus alten Zeiten dabei ist, fallen Abschied und Eingewöhnung nicht so schwer.

Wenn Sie mit Ihrem Kätzchen nach Hause kommen, lassen Sie ihm erst einmal etwas Zeit für sich. Manche Katzen beginnen nun neugierig die Wohnung zu erkunden, andere sind eher verängstigt und ziehen sich schnell in eine Ecke oder unter einen Tisch zurück. Auf keinen Fall sollte von Ihrer Seite Hektik verbreitet werden. Auch wenn jeder die Katze gerne einmal streicheln und in den Arm nehmen will – jetzt geht das nicht.

Sobald sich die Katze etwas eingewöhnt hat, zeigen Sie ihr den Fress- und Wassernapf, die Katzentoilette, ihren Korb und geben ihr etwas zum Spielen. Manche Katzen finden über das Spielen schnell Zugang zu ihrem neuen Halter, andere fremdeln auch noch die nächsten Tage. Seien Sie sehr einfühlsam und lassen Sie Ihrer Katze die Zeit, die sie braucht.

Sommer und Winter

Bei kaum einer Rassekatze ist der Unterschied zwischen Sommer- und Winterfell derart auffällig wie bei der Norwegischen Waldkatze. Von dem halblangen Fell ist bei der Sommerbehaarung nur noch am Schwanz und an den Vorderbeinen etwas zu erkennen, die auffallende Halskrause ist kaum mehr zu erahnen. Ein Laie würde sicher kaum auf die Idee kommen, eine Norwegische Waldkatze im Sommer- und im Winterfell der gleichen Rasse zuzuordnen.

Junge Katzen spielen leidenschaftlich gerne. Sie werden bemerken, dass Ihre Katze mit zunehmendem Alter immern ruhiger wird. Foto: N. Heitbrink

Vorsicht Kippfenster

Kippfenster sind eine tödliche Falle für Katzen. Wenn sie versuchen, durch den engen Spalt ins Freie zu gelangen, können sie ausrutschen und mit dem Kopf zwischen Fenster und Rahmen steckenbleiben. Im Handel gibt es spezielle Sicherungen, die dies effektiv verhindern.

Dieser golden schildpatt getigerte Welpe ist gerade einmal sechs Wochen alt. Foto: M. Leleithner

Hunde, Katze, Schwein? Augenscheinlich verstehen sich diese vier ausgezeichnet. Freundschaften zwischen Hund und Katze sind allgemein häufiger, als es das bekannte Sprichwort vermuten lässt. Foto: M. Leleithner

Die erste Nacht

Erfahrungsgemäß bedeutet die erste Nacht in der neuen Umgebung für ein Kätzchen die größte Umstellung. Tagsüber konnte es sich noch mit Spielen und Entdeckungsreisen ablenken, aber jetzt abends allein im Korb liegen, das ist schon etwas anderes, als sich an seine Mutter und die Geschwister kuscheln zu können! Einmal mehr erweist es sich als Vorteil, gleich zwei Katzen anzuschaffen. Wenn das Kätzchen allein bei Ihnen ist, wird es vielleicht versuchen, zu Ihnen ins warme Bett zu kommen. Wenn Sie dies nicht auf Dauer dulden wollen, müssen Sie dem von Anfang an Einhalt gebieten. Ein einmal angewöhntes Verhalten ist der Katze nur schwer wieder abzuerziehen. Um dem kleinen Neuling die erste Nacht etwas angenehmer zu machen, können Sie den Korb neben Ihr Bett stellen und vielleicht eine Wärmflasche dazulegen. Das ist natürlich kein Ersatz, aber viele Halter haben mit dieser Methode gute Erfahrungen gemacht.

Wie die erste Nacht verlaufen wird, kann man nie wissen. Vielleicht schläft Ihr Kätzchen ganz friedlich und von den Strapazen des aufregenden Tages erschöpft ein. Manch eine Katze hat ihren neuen Besitzer aber auch die Nacht lang wach gehalten. In jedem Fall verlieren Sie die Nerven nicht. Es ist nun mal eine aufregende Zeit für ein kleines Kätzchen.

Die nächsten Tage

Während der kommende Tage wird sich immer mehr Ruhe einstellen, soweit man davon bei einem Katzen-Welpen überhaupt sprechen kann. Zumindest lernt das Kätzchen seinen Tagesablauf kennen und gewöhnt sich immer besser ein. Ein Besuch beim Tierarzt sollte innerhalb der ersten beiden Wochen nach der Übernahme folgen. Der Tierarzt wird das Kätzchen sorgfältig untersuchen und mit Ihnen gegebenenfalls noch ausstehende oder weiterreichende Impftermine absprechen. Ebenso können Sie anhand einer Kotprobe nochmals den Erfolg der letzten Wurmkur, die der Züchter durchgeführt hat, überprüfen.

Katzen sind sehr sensible Geschöpfe. Jede einzelne scheint eine ganz eigene Persönlichkeit zu besitzen. Manche Katzen gewöhnen sich schnell an ihre neuen Besitzer, andere sind auch noch nach Tagen ängstlich. Foto: I. Francais

Typisch Katze

Katzen nehmen unter den vielen Tieren, die der Mensch im Lauf der Jahrtausende domestiziert hat, unbestritten eine Sonderstellung ein. Sie lassen sich nicht einsperren, haben sich aber dennoch an den Menschen gewöhnt und leben gerne mit ihm unter einem Dach. Sie brauchen und suchen unsere Nähe, sind uns aber trotzdem nicht grenzenlos ergeben und haben sich ihren eigenen Willen bewahrt. Dies hat mit der Vergangenheit der Katze als Einzelkämpfer in der Natur zu tun. Die Ahnen unserer Hauskatzen lebten nicht im Rudel zusammen, sondern trafen nur selten zur Paarungszeit aufeinander. So verwundert es nicht, dass sie sich ungerne Vorschriften machen lassen und alles ablehnen, was nach Zwang und Unfreiheit aussieht.

Wenn wir mit einer Katze zusammenleben, können wir ihr jedoch nicht immer alles erlauben – so gerne manche Halter dies auch täte! Deshalb ist eine Grunderziehung unbedingt nötig.

Ein Kratzbaum ist zum Wetzen der Krallen ideal. Foto: I. Francais

Eine Katze erziehen?

Oft hört man, eine Katze ließe sich nicht oder nur im engen Rahmen erziehen. Dieser Meinung liegt eine ganz bestimmte Vorstellung vom Begriff Erziehung zu Grunde, der eher in die Nähe von Dressur zu rücken ist. Katzen sind sicher nicht so dressierbar wie Hunde – die Bemerkung sei erlaubt, auch wenn hier Äpfel mit Birnen verglichen werden. Sie machen nicht auf Kommando, was man von ihnen will, sind nicht jederzeit zum Kuscheln aufgelegt oder hören immer auf ihren Namen, dennoch sind sie sehr wohl lernfähig.

Erziehung Ihrer Katze

Eine Katze zu erziehen, bedeutet nicht in erster Linie, ihr Kommandos oder Kunststücke beizubringen. Die Erziehung umfasst vielmehr das Aufzeigen bestimmter Ge- und Verbote. Die einzigen erlaubten Hilfsmittel sind dabei Ihre Stimme und eine Belohnung zur rechten Zeit. Zeigt Ihre Katze ein unerwünschtes Verhalten, dann sollten Sie ihr dies durch ein strenges „Nein" auch sagen und ihr das gewünschte Verhalten zeigen. Wetzt sich Ihre Katze ihre Krallen beispielsweise an Ihren Möbeln oder den Wänden, sagen Sie streng „Nein" und setzen sie an ihren Kratzbaum. Kratzt die Katze dort weiter, wird sie gelobt und erhält eine kleine Belohnung. Diesen Erziehungsstil nennt man positive Verstärkung. Der Theorie nach wird ein Verhalten, das zu einem positiven Ergebnis führt, gerne wiederholt. Auch der Umkehrschluss gilt: Eine Handlung mit einem negativen Resultat wird gemieden. Wenn also Ihr strenges „Nein" die Quittung für eine bestimmte Aktion ist, überlegt es sich die Katze das nächste Mal genau, ob sie es wieder tut. Soweit die Theorie. In der Praxis kann es schon einiger Belohnungen oder „Neins" bedürfen, bis Ihre Katze das gewünschte Verhalten zeigt oder unterlässt. Katzen sind aber nicht dumm, sie haben nur ihren eigenen Kopf. Wenn Sie Zeit und Lust haben und feststellen, dass Ihre Katze positiv auf Ihre Erziehung reagiert, können Sie auch versuchen, Ihr weitere Dinge beizubringen. Viele Katzen hören beispielsweise sehr gut auf ihren Namen. Ihrer Fantasie sind innerhalb gesundheitsbewusster und artgerechter Schranken keine Grenzen gesetzt!

Katzen und Kinder

Katzen und kleinere Kinder scheinen nicht zusammenzupassen. Katzen mögen es eher ruhig, bedächtig und hassen Hektik und unkontrollierte Bewegungen. Kleine Kinder sind noch unsicher in ihren Bewegungen, oft unfreiwillig grob und laut. Es hat sich jedoch gezeigt, dass der Umgang nicht nur funktionieren kann, sondern Kinder sehr davon profitieren.

Die wenigsten Katzen haben Probleme mit der Stubenreinheit. Wenn Sie die Katze mit zwölf Wochen beim Züchter abholen, ist sie schon an den Besuch der Katzentoilette gewöhnt.
Besitzer: R. Tendieck
Fotos: N. Heitbrink

Stubenreinheit

Katzen sind sehr reinliche Tiere und gewöhnen sich sehr schnell an den Besuch der Katzentoilette. Die Kätzchen kennen sie ja schon von ihrer Zeit beim Züchter. Sollte es dennoch vorkommen, dass Ihre Katze ständig irgendwo in der Wohnung uriniert, müssen Sie reagieren.

Beobachten Sie Ihre Katze, denn bevor sie ihr Geschäft macht, läuft sie meist etwas unruhig durch die Gegend. Nehmen Sie sie dann und setzen sie in die Katzentoilette. Sie können auch etwas Streu nehmen, wenn Ihre Katze einmal außerhalb des Klos gemacht hat, das Missgeschick damit beseitigen und dieses Streu dann in das Katzenklo legen. Der Geruch könnte die Katze dazu veranlassen, ihr nächstes Geschäft dort zu verrichten. Wenn Ihre Katze plötzlich nicht mehr auf die Katzentoilette geht, kann es es auch sein, dass diese wieder einmal gereingt werden muss.

Verbote

Auch bei der Erziehung Ihrer Katze ist Konsequenz das oberste Gebot. Verbote müssen einheitlich gehandhabt werden, nicht wie es Ihnen gerade passt. Dabei genügt ein strenges „Nein“ als Missbilligung vollkommen aus – Katzen sind sehr feinfühlig und wissen genau, was Sie meinen. Schläge sind ein absolut unakzeptables Erziehungsmittel und andere Strafen wie beispielsweise den Entzug des Fressens kann Ihre Katze nicht als erzieherische Maßnahme verstehen.

Kommen auf Zuruf

Katzen hören nicht immer auf ihren Namen. Damit sie jedoch mit dem Nennen Ihres Namens nur Positives verbindet, sollten Sie ihn nie rufen, wenn Sie böse auf Ihre Katze sind, sondern nur in angehmen Situationen. So verbindet die Katze mit ihrem Namen auch positive Erlebnisse und reagiert bestimmt positiv, wenn Sie ihn nennen.

Tägliche Pflege

Katzen verschlucken bei der Fellpflege viele Haare. Um diese besser ausscheiden zu können, fressen sie regelmäßig Gras. Für reine Wohnungskatzen ist Katzengras deshalb sehr wichtig. Foto: N. Heitbrink

Katzen sind sehr reinliche Tiere. Den Großteil ihrer Pflege leisten sie selbst. Es vergeht keine Stunde, in der wir unsere Katze nicht dabei beobachten können, wie sie ihre Krallen wetzt oder sich ausgiebig der Fellpflege widmet. Unsere Aufgabe ist es mehr oder weniger nur, ihren Pflegezustand auch zu kontrollieren und dann gegebenenfalls einzuschreiten, wenn die Krallen doch einmal zu lang geworden sind, oder das Fell zu verfilzen droht. Die tägliche Pflege ist eine Garantie für die Gesundheit unserer Katze. Achten Sie also sehr genau darauf, ob Ihre Katze immer gepflegt aussieht. Krankheiten zeigen sich nicht zuletzt dadurch, dass die Katze ihr eigene Pflege vernachlässigt und das Fell ungepflegt und stumpf wirkt.

Die Fellpflege

Sollte ein Bad für Ihre Katze unbedingt notwendig werden, verwenden Sie unbedingt ein spezielles Shampoo für Katzen. Dies ist dem Fett- und Säuremantel von Haut und Haaren genau angepasst. Produkte für den Menschen würden dieses Gleichgewicht stören. Im Prinzip muss eine Katze nicht gebadet werden. Gründe hierfür können allerdings in einer sehr starken Verschmutzung liegen, auch kann es medizinische Gründe geben. Bestimmte Hautkrankheiten lassen sich am besten mit Bädern kurieren. Ausstellungskatzen sollen in einem besonders schönen Licht erscheinen. Da kann es manchmal notwendig sein, dass die Katze gebadet wird, auch wenn viele ohne diese zusätzliche Pflege im schönsten Pelz daherkommen.

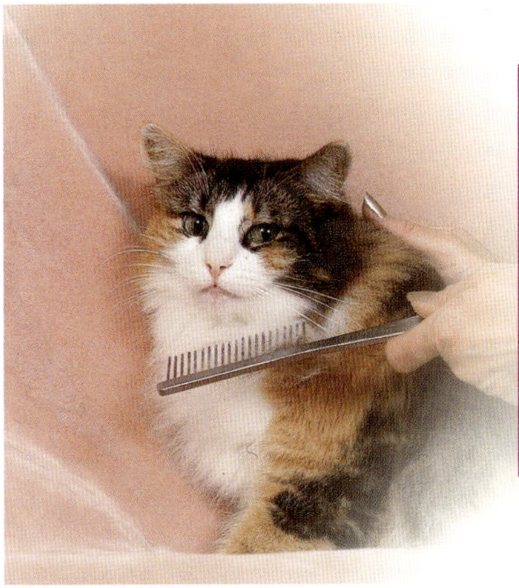

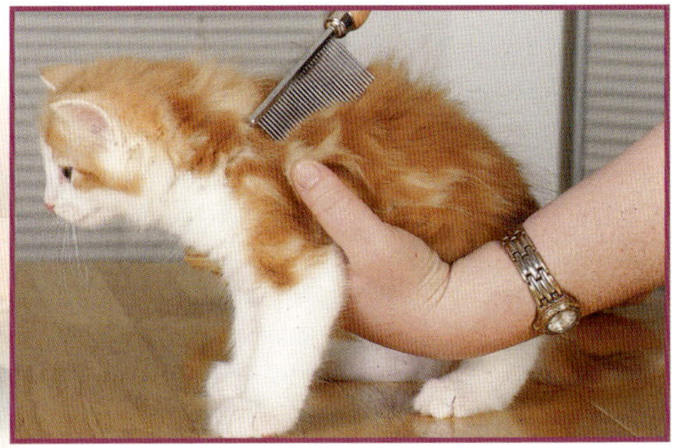

Gewöhnen Sie Ihre Katze früh an die Fellpflege. Auch wenn Katzen sich selbst sauber halten, ist gelegentliches Bürsten gut um Verfilzungen zu verhindern. Fotos: I. Francais

Das Fell der Norwegischen Waldkatze

Die Norwegische Waldkatze gehört zu den semilanghaarigen Katzen. Das zweilagige Fell aus der dichten Unterwolle und den langen, wasserabweisenden Deckhaaren ermöglicht es den Tieren auch tiefe Temperaturen zu ertragen. Vor allem im Winter beeindruckenden die Kater durch einen kräftigen Fellkragen, buschige Hosen an den Hinterbeinen und einen buschigen Schwanz. Im Sommer haben die Tiere deutlich weniger Fell und der Kragen fehlt oft ganz. Das Fell der nordischen Schönheiten benötigt zu einem gepflegten Aussehen kaum die Unterstützung durch den Menschen. Das leicht fettende Deckhaar erlaubt es den Katzen, sich problemlos selbst zu pflegen. Lediglich während des Fellwechsels ist eine Unterstützung durch gelegentliches Bürsten angebracht.

Eine gesunde Katze ist der Stolz eines jeden Katzenliebhabers. Foto: I. Francais

Der regelmäßige Blick in die Ohren Ihrer Katze ist wichtig, um Gesundheitsprobleme wie Infektionen oder den Befall mit Milben frühzeitig zu erkennen. Foto: I. Francais

Zahnpflege

Ungepflegte Zähne sind ein häufig unterschätztes und darum auch gar nicht so seltenes Problem bei Katzen. Zwar leiden Katzen selten an Karies, doch kann sich unangenehmer Zahnstein bilden, der zu Zahnfleischentzündungen führt. Zahnfleischentzündungen können wiederum zu schweren Infektionen, auch innerhalb des Organismus der Katze, führen. Um dem vorzubeugen sollten Sie die Zähne hrer Katze mindestens einmal wöchentlich gründlich mit einer Bürste und Zahnpasta reinigen. Haben Sie Ihre Katze von klein auf daran gewöhnt, wird sie dies auch gerne über sich ergehen lassen. Hat sich bereits Zahnstein gebildet, so muss dieser vom Tierarzt entfernt werden.

Augen- und Ohrenpflege

Die Augen und die Ohren einer Katze sind sehr empfindlich. Seien Sie also sehr vorsichtig, wenn Sie bei der Fellpfege in ihre Nähe kommen. Augen und Ohren müssen frei von Ausfluss sein. Tränen die Augen Ihrer Katze ständig, so gehen Sie mit ihr zum Tierarzt. Vielleicht hat sie eine Allergie oder eine Verletzung im Auge.

Die Ohren müssen sauber sein, der sichtbare äußere Gehörgang frei von Verunreinigungen. Sollten Sie dort Krusten und einen schlechten Geruch feststellen, dann liegt wahrscheinlich eine Infektion, möglicherweise mit Milben, vor. Stellen Sie in diesem Fall Ihre Katze dem Tierarzt vor!

Viele Katzen lassen sich nur ungern an den Pfoten anfassen. Gewöhnen Sie am besten schon Ihre junge Katze daran.
Foto: I. Francais

Eine Katze oder besser zwei?
Unsere modernen Rassekatzen sind keine Einzelgänger, sie lieben die Gesellschaft sowohl des Menschen als auch von Artgenossen. Wenn Sie Ihre Katze häufiger alleine lassen müssen, sollten Sie unbedingt eine zweite Katze zu sich ins Haus holen. Wenn die Katzen kastriert sind, ist das Geschlecht gleichgültig, denn Kastraten verstehen sich in der Regel gut. Probleme gibt es meist nur, wenn zwei ausgewachsene Katzen aneinander gewöhnt werden sollen. Also am besten nehmen Sie gleich ein Paar bei sich auf!

Die Krallenpflege

Sollte einmal eine oder mehrere Krallen zu lang geworden sein, können Sie diese mit einem speziellen Krallenschneider kürzen. Das erste Mal sollten Sie sich dies von einem erfahrenen Katzenhalter, Ihrem Züchter oder dem Tierarzt zeigen lassen. In jeder Kralle befindet sich nämlich zentral ein Blutgefäß mit Nerven. Sollten Sie dies anschneiden, tut dies der Katze weh und es blutet. Bei hellen Krallen können sie das Gefäß gut als dunklen Strich gegen das Licht erkennen. Bei dunkel pigmentierten Krallen ist das kaum möglich. Sind Sie sich unsicher, dann lassen Sie die Krallen kürzen oder nehmen alternativ eine Feile und tragen immer nur wenig am Anfang der Kralle ab.

Die Sauberkeit des Umfelds

Katzen sind sehr reinlich und so sollte auch ihr Umfeld immer in einem gepflegten Zustand sein. Dies gilt im besonderen Maß für das Katzenklo, den Bereich der Futter- und Wassernäpfe und die hauptsächlichen Aufenthaltsorte Ihrer Katze, vor allem das Körbchen. Es darf hier niemals zu einer starken Geruchsbildung kommen.

Das sollten Sie Ihrer Katze besser nicht zumuten!

Katzen mögen es gar nicht, wenn ...
- sie aus dem Schlaf gerissen werden,
- sie grob angefasst werden,
- sie gegen ihren Willen festgehalten werden,
- es sehr laut ist,
- sie oft allein gelassen werden,
- sie sich nicht zurückziehen können,
- sie nicht beachtet werden.

Katzen suchen ihren Lieblingsplatz meist selbst aus.
Foto links: I. Francais

Ein Fressnapf aus Edelstahl ist robust und leicht zu reinigen.
Foto rechts: E. und F. Walz

Foto unten: N. Heitbrink

Der Fressplatz

Dass Sie die Fressnäpfe nach jeder Mahlzeit gründlich mit heißem Wasser reinigen, sollte eine Selbstverständlichkeit sein. Der Napf mit dem Trockenfutter sollte auch täglich einmal ausgespült werden. Gleiches gilt für die Wasserschüssel. Achten Sie auch um die Näpfe herum auf Sauberkeit. Wischen Sie regelmäßig auf, um Fressensreste zu beseitigen.

Das Katzenklo

Für das Katzenklo gibt es inzwischen sehr gute Streus verschiedener Hersteller. Darunter sind viele sogenannte Klumpstreus. Diese bestehen aus einem Granulat, das die Feuchtigkeit und auch die Gerüche der Ausscheidungen bindet. Gleichzeitig verbindet sich das so verbrauchte Granulat zu festen Klumpen, die mit einr Siebschaufel leicht entfernt werden können. Das Streu muss nur wieder aufgefüllt werden. Es genügt somit, das Katzenklo alle vierzehn Tage komplett zu reinigen.

Das Körbchen

Im Körbchen achtet die Katze selbst schon auf Sauberkeit, doch können Sie von Zeit zu Zeit die Haare entfernen.

Die Krallen der Norwegischen Waldkatze sind besonders robust. Foto: I. Francais

Eine sehr wichtige Rolle bei der artgerechten Haltung Ihrer Katze und der Gesundheitsvorsorge spielt die richtige Ernährung. Diese muss auf die Bedürfnisse Ihrer Katze abgestimmt sein. Das ist heutzutage kaum mehr ein Problem, denn die Fertigfuttersorten sind heute eine gesunde, einfache und sichere Möglichkeit, seine Katze zu ernähren.

Ernährungsansprüche der Katze

Wenn Sie die Katze vom Züchter abholen, sollten Sie sie bis zu einem Alter von etwa sechs Monaten mit einem speziellen Futter für Welpen ernähren und dann langsam auf eine Kost für erwachsene Katzen umstellen. Die Futtermenge ist abhängig davon, wie gut die Katze die Nährstoffe individuell verwertet und wie aktiv sie ist. Auf der Verpackung sollte ein Richtwert angegeben sein, wieviel Gramm Futter pro Kilogramm Katze gegeben werden sollte. Halten Sie sich zunächst daran und schauen Sie dann, ob diese Menge ausreicht – gegebenenfalls erhöhen oder senken Sie die Futtergabe.

Futterumstellung

Es gibt sehr verschiedene Meinungen zum Thema Ernährung. Die einen sagen, man soll möglichst abwechslungsreich füttern, um eine Gewöhnung zu vermeiden. Andere sehen gerade in dem häufigen Wechsel einen Grund für Verdauungsprobleme. Um bei einem Wechsel den Übergang schonend zu gestalten, vermengen Sie das neue mit dem alten Futter so, dass Sie über eine Woche immer mehr vom neuen und immer weniger vom alten Futter nehmen.

Fertigfuttersorten

Fertigfutter werden als Feuchtfutter in Dosen oder Schalen oder als Trockenfutter im Beutel angeboten. Sie sind vom Hersteller so ausgewogen zusammengestellt und mit allen notwendigen Zusatzstoffen versehen, so dass sie als Alleinfutter alle Bedürfnisse Ihrer Katze decken. Weitere Zusätze dürfen nur auf Anraten Ihres Tierarztes verfüttert werden. Häufiges Thema von Diskussionen ist die Gefahr der Gewöhnung an ein Futter. Sogar von süchtig machenden Zusätzen wurde eine Zeitlang gesprochen. Fakt ist, dass Fertigfutter so vollständig in ihrer Zusammensetzung sind, dass Ihre Katze auch keinen Schaden nehmen würde, wenn sie täglich die gleiche Futtersorte bekommt. Tatsache ist aber auch, dass eine Ernährungsumstellung in solch einem Fall die Verdauung, die sich auf diese eine Sorte eingestellt hat, stärker belastet. Es ist also sicher nicht verkehrt, ihre Katze von Beginn an nicht nur an ein Futter zu gewöhnen, sondern die Marken regelmäßig zu wechseln. Wenn Ihre Katze aber eine bestimmte Futtersorte bevorzugt, können Sie unbesorgt dabei bleiben – es wird sicher nicht zu Mangelerscheinungen kommen.

Knochen und Gräten

Knochen und Gräten haben im Fressen der Katze nichts zu suchen. Entfernen Sie sie, um das Risiko zu umgehen, dass ein Kochen oder eine Gräte im Hals oder Verdauungstrakt Ihrer Katze steckenbleibt und dort für schwere Probleme sorgt.

Für welches Futter Sie sich entscheiden, hängt stark von den Ansprüchen Ihrer Katze ab. Junge Katzen benötigen eine andere Ernährung als ältere, aktive Katzen eine andere als ruhigere. Besitzer: R. Tendieck Foto: N. Heitbrink

• Feuchtfutter

Feuchtfutter bestehen aus bis zu 80 % aus Wasser. Die Feuchtfuttersorten werden in den verschiedensten Qualitäten und Geschmacksrichtungen angeboten. Viele Hersteller produzieren spezielle Sorten für junge und ältere Katzen. Feuchtfutter hält sich, einmal geöffnet, bei weitem nicht so lange wie Trockenfutter. Es werden aber Portionspackungen angeboten, die für eine oder zwei Fütterungen reichen. Obwohl Ihre Katze einen großen Teil ihres Flüssigkeitsbedarfs über diese Futterart decken kann, müssen Sie ihr immer die Möglichkeit bieten, zusätzlich Wasser trinken zu können.

Frisches Wasser muss Ihrer Katze ständig zur Verfügung stehen. Je höher der Anteil an Trockenfutter bei der Ernährung ist, desto höher wird ihr Flüssigkeitsbedarf liegen. Foto: I. Francais

• **Trockenfutter**

Trockenfutter enthält nur maximal 15 % Feuchtigkeit. Auf das Gewicht gerechnet ist es somit sehr ergiebig. Auch geöffnet ist es noch lange haltbar, dennoch sollten Sie es zügig verwerten, denn mit der Zeit – etwa innerhalb von zwei bis drei Monaten – bauen sich die Vitamine ab.Da das Futter selbst sehr wenig Wasser enthält, wird Ihre Katze relativ viel trinken – wundern Sie sich darüber nicht! Zur Abwechslung können Sie das Trockenfutter auch einmal in Wasser eingeweicht servieren. Auch Trockenfutter wird von vielen Herstellern in den unterschiedlichsten Geschmacksrichtungen für die verschiedenen Lebensabschnitte Ihrer Katze angeboten.

Besondere Ernährungsansprüche

Katzen stellen während der Trächtigkeit und der Stillzeit besondere Ansprüche an ihre Ernährung. Das betrifft nicht nur die Qualität, sondern vor allem auch die Menge. Sie können davon ausgehen, dass eine trächtige Katze bis zu 50 % mehr Futter benötigt! Während Ihre Katze stillt, kann der Nahrungsbedarf sogar auf das Doppelte bis Vierfache der normalen Ration ansteigen. Dies ist vor allem von der Welpenanzahl abhängig.

Eine besondere Ernährung fordern auch junge Katzen bis zum sechsten Monat und ältere Katzen ab etwa dem siebten Lebensjahr.
Die jungen Katzen befinden sich in einer enormen Wachstumsphase. Jede Fehlernährung und jeder Nährstoffmangel machen sich in dieser Lebensphase sofort bemerkbar – Wachstumsstörungen sind die offensichtliche Folge einer Mangelernährung.

Leckerbissen sind eine willkommene Abwechslung und eine tolle Belohnung für gutes Verhalten.
Fotos: E. und F. Walz

Verlassen Sie sich auf die angebotenen Fertigprodukte für Katzenkinder, in denen alle notwendigen Inhaltsstoffe vorhanden sind.

Bei älteren Katzen kann es leicht zu Übergewicht und Verdauungsproblemen kommen, wenn Sie die Ernährung nicht anpassen. Zum einen ist die ältere Katze nicht mehr so aktiv und verbraucht dementsprechend weniger Energie. Zum anderen funktioniert die Verdauung nicht mehr so effektiv wie bei einer jüngeren Katze, so dass das Futter nun leichter verdaulich sein muss. Der Fachhandel bietet auch für ältere Katzen spezielle Futtersorten an. Sollte es dennoch Probleme bei der Ernährung geben, suchen Sie den Tierarzt auf, um eventuelle altersbedingte Erkrankungen auszuschließen.

Leckerbissen

Nicht von ungefähr kommt der Begriff „Naschkatzen". Vielleicht wird hier und da mit dem Mythos Feinschmecker bei Katzen übertrieben, aber sie sind schon wählerischer als viele andere Haustiere. Um so mehr lieben sie es, neben den gewohnten Mahlzeiten einmal einen zusätzlichen Leckerbissen zu bekommen. Im Handel finden Sie viele geeignete Produkte, auch ein Löffel Naturjoghurt oder einen Stück Hartkäse sind willkommene Leckereien. Ungeeignet sind hingegen alle gewürzten Lebensmittel und Süßigkeiten. Leckerbissen sollen die Ausnahme bleiben, sonst frisst Ihre Katze ihr normales Futter nicht mehr – und darin sind schließlich die lebensnotwendigen Bestandteile enthalten – nicht im Leckerbissen.

Fütterungsregeln

- Das Futter muss immer bei Zimmertemperatur verfüttert werden.
- Essensreste immer spätestens nach einer Stunde entfernen – außer Trockenfutter.
- Futternäpfe immer gründlich reinigen.
- Immer frisches Wasser anbieten.
- Der Futterplatz muss an dem gleichen ungestörten Ort sein.
- Füttern Sie immer zu den gleichen Zeiten, am besten morgens und abends.
- Füttern Sie nicht zu viele Leckerbissen, denn das bringt das ausgewogene Verhältnis der Fertigkost durcheinander.

Die richtige Ernährung ist entscheidend für die Gesundheit und das Aussehen Ihrer Katze. Nur wenn die Nahrung alle Bestandteile enthält, die Ihre Katze benötigt, wird sie sich wohlfühlen. Das macht sich auch in ihrem Äußeren bemerkbar.
Fotos: M. Leleithner

Wichtige Futtertipps

Proteine
Katzen benötigen in Ihrem Futter einen hohen Anteil an Proteinen, da sie die Aminosäure Taurin (Baustein der Proteine) nicht selbst synthetisieren können. Es ist deshalb wichtig, dass Sie Ihre Katze wirklich nur mit Katzenfutter füttern – auch wenn Hundefutter eine günstigere Alternative zu sein scheint, es würde bei Ihrer Katze zu Mangelerkrankungen führen.

Katzengras
In der freien Natur fressen Katzen gelegentlich Gras, das sie sofort im Anschluss wieder erbrechen. Mit dem Gras gelangen auch Haare, die bei der Fellpflege verschluckt wurden und nicht über den Darm ausgeschieden werden, aus dem Magen. Für Katzen, die überwiegend in der Wohnung gehalten werden, sollte immer eine Schale mit Katzengras bereitstehen. Besonders die langhaarigen Rassen benötigen dieses Hilfsmittel!

Feinschmecker
Katzen sind Feinschmecker und nehmen nicht jedes Futter an. Sollte Ihre Katze also einmal den Futternapf nicht anrühren, ist dies noch kein Grund zur Sorge. Vielleicht ist sie einfach die Futtersorte oder Geschmacksrichtung leid. Probieren Sie eine andere aus!

Übergewicht
Katzen neigen prinzipiell nicht dazu, sich zu überfressen. Ursachen für Übergewicht sind eher ungeeignetes Futter, zu viele Leckerbissen, zu wenig Bewegung oder auch eine Erkrankung des Verdauungssystems. Mit einem leichten Druck auf die Rippen erkennen Sie schnell, ob Ihre Katze das richtige Gewicht hat. Sie sollten die Rippen dann unter einer leichten Fettschicht gut spüren können.

Trinkwasser
Frisches Wasser ist lebensnotwendig. Katzen, die sich auch im Freien aufhalten, trinken oft aus Pfützen. Es scheint so, dass sie abgestandenes Wasser lieber mögen als direkt aus dem Hahn. Sie könnten also in einer Kanne immer etwas Wasser für Ihre Katze über Nacht stehen lassen und erst dann in den Wassernapf geben.

Kein rohes Fleisch!
Verfüttern Sie niemals rohes Fleisch an Ihre Katze, egal ob es sich um Geflügel, Schwein, Rind, Fisch oder sonst eine Art handelt! In rohem Fleisch können sich immer verschiedene Parasiten und Krankheitserreger befinden. Vor allem im Schweinefleisch finden sich diese Erreger, darunter sogar tödliche Viren, welche die Aujeszkysche Krankheit auslösen. Abgekocht stellen diese keine Gefahr mehr dar.

Futterzusätze
Wenn Sie Ihre Katze mit einem Fertigfutter versorgen, gehören dort keine weiteren Nahrungsmittelzusätze – allen voran Vitamine und Mineralstoffe – hinein. Diese Futtersorten sind so konzipiert, dass sie alle Zusatzstoffe in ausreichender Menge enthalten. Und für Vitamine und Mineralien gilt nicht „je mehr desto besser"!

Milch und Eier
Milch ist für Katzen, außer Katzenwelpen, kein geeignetes Nahrungsmittel. Katzen können den Milchzucker, die Laktose, nicht verdauen, so dass dieser im Verdauungstrakt zu gären beginnt. Da bei der Säuerung von Milch die Laktose abgebaut wird, verfüttern Sie als gelegentlichen Leckerbissen lieber Joghurt, Quark oder Dickmilch. Rohe Eier können Salmonellen enthalten und dürfen nicht verfüttert werden, auch gekocht darf nur gelegentlich etwas Eigelb gegeben werden.

Gesundheitsvorsorge

Der größte Wunsch jedes Katzenhalters ist natürlich, dass sein Liebling sich wohl fühlt, zufrieden und gesund ist. Um dies zu erreichen, tun Sie bereits eine ganze Menge für Ihre Katze: Sie verschaffen ihr Bewegung und Abwechslung, sorgen für eine ausgewogene Ernährung und nicht zuletzt haben Sie schon bei der Auswahl Ihres Kätzchens darauf geachtet, dass es gesund ist und aus einer seriösen Zucht stammt – das allein genügt aber noch nicht. Deshalb wird Ihre Katze regelmäßig geimpft und entwurmt. Sie achten bei der täglichen Pflege auf Veränderungen an Augen, Ohren und der Haut und beobachten aufmerksam jede Verhaltensänderung Ihrer Katze. Schließlich kann sich dahinter immer auch eine ernsthafte Erkrankung verstecken. Nicht zuletzt achten Sie auf Außenparasiten wie Flöhe, Milben oder Zecken. All diese Maßnahmen dienen letztlich nicht nur der Gesundheit Ihrer Katze, sondern auch Ihrer eigenen, denn viele Parasiten können auch auf den Menschen übergehen. Etwas mehr über die Krankheiten und Parasiten, die für Ihre Katze bedrohlich sind, sollen Sie nun erfahren.

Parasiten

Man unterscheidet zwei Gruppen von Parasiten: Außen- und Innenparasiten. Für den Menschen lästiger sind sicher die Außenparasiten, denn gerade Flöhe können auch uns befallen und mit ihren Stichen einen starken Juckreiz auslösen. Unbehandelt gefährlicher sind die Innenparasiten, also verschiedene Wurmarten. Manche von Ihnen können auch für den Menschen gefährlich werden. Die größte Gefahr geht dabei selten direkt von dem Parasiten aus. Vielmehr schwächen Sie den Gesamtorganismus und ermöglichen anderen Infektionen so ihre Verbreitung, oder sie sind selbst Überträger verschiedener Krankheitserreger.

Katzen, die sich häufig im Freien aufhalten, werden oft von Parasiten heimgesucht. Vor allem Zecken und Milben sind ungeliebte Gäste. Foto: M. Leleithner

Außenparasiten (Ektoparasiten)

Unter Außenparasiten verstehen wir alle die Parasiten, die nicht in den Organismus ihres Wirtes eindringen, sondern sich auf ihm aufhalten. Diese Parasiten schädigen die Katze nicht primär dadurch, dass sie ihr Blut saugen oder ihr Speichel zu starkem Juckreiz und Hautirritationen führen kann, sondern dadurch, dass sie Überträger verschiedener Krankheitserreger sind. Die winzigen Einstichstellen bieten zudem anderen Krankheitskeimen die Möglichkeit, in den Organismus der Katze einzudringen. Dies in größerem Maß, wenn die Katze die kleinen juckenden Wunden aufkratzt.

Sie können einen Befall durch Parasiten niemals vollständig verhindern. Am besten kontrollieren SIe Ihre Katzen nach jedem Aufenthalt im Freien. Foto: N. Heitbrink

Sorgen Sie besser vor!
Dieser gute Ratschlag ist durchaus ernst gemeint! Eine gute Vorsorge liegt nicht nur im Interesse Ihrer Katze, Sie schützen auch Ihre eigene Gesundheit und nicht zuletzt den eigenen Geldbeutel. Auch wenn nicht jede präventive Maßnahme absolut zuverlässig ist, so ist doch davon auszugehen, dass der Krankheitsverlauf immer in gemäßigteren Bahnen verläuft.

• Flöhe

Katzenflöhe werden etwa 3 mm lang und können mit dem bloßen Auge erkannt werden. Charakteristisch ist der Kot, der aus kleinen schwarzen Kügelchen besteht, die teils auch etwas länglich sind. Flöhe sind für Ihre Katze und Sie nicht nur lästig. Sie können Krankheitserreger übertragen, die Einstichstellen können sich infizieren und nicht zuletzt können Katzen – und Menschen – gegen den eingebrachten Speichel allergisch reagieren. Der typische, je nach Schwere der Allergie unterschiedlich starke Juckreiz ist sicherlich das offensichtlichste und auch lästigste aber im Vergleich zu den möglichen Infektionen nicht das bedrohlichste Symptom.

Ein Flohbefall muss bekämpft werden. Sie erhalten heute genügend Mittel, die die Erreger und ihre Eier, Larven und Puppen zuverlässig beseitigen. Bevor Sie jedoch irgendein Mittel kaufen, sollten Sie Ihren Tierarzt um Rat fragen. Der Fachhandel hat dann bestimmt das passende Produkt für Sie und Ihre Katze parat. Es gibt verschiedene präventiv wirkende Mittel von denen flüssige Tropfen, die auf die Rückenhaut geträufelt werden, und Flohhalsbänder die populärsten sind.

Katzenflöhe

Katzenflöhe können sehr lästig werden – nicht nur für Katzen, sondern auch für Menschen und Hunde. Katzenflöhe sind bei der Wahl des Wirtes nicht nur auf einen festgelegt. Die Ansteckung erfolgt von Tier zu Tier. Auf dem Menschen halten sich die Flöhe meist nicht dauerhaft auf, doch verursachen die Stiche einen starken Juckreiz, der für Allergiker besonders unangenehm ist.

• Zecken

Die häufigste Zeckenart bei uns ist der gemeine Holzbock. Er sitzt im Unterholz oder auf Pflanzenstengeln und lässt sich einfach auf ein vorbeikommendes Tier fallen. Zecken entwickeln sich über verschiedene Stadien, die aber alle Blut saugen. Eine vollgesaugte Zecke erreicht Maiskorn- bis Bohnengröße, ein „leeres“ Tier ist kaum einen Millimeter lang.

Zecken können gefährliche Krankheiten übertragen, deshalb müssen sie möglichst schnell entfernt werden. Dazu greifen Sie die Zecke mit einer speziellen Zeckenzange direkt hinter dem Kopf, mit dem sie sich komplett in der Haut der Katze verankert hat, und ziehen sie vorsichtig heraus. Sollte der Kopf dabei abreißen, suchen Sie einen Tierarzt auf, der die Zecke dann vollständig entfernt, um Infektionen zu vermeiden. Suchen Sie Ihre Katze nach jedem Spaziergang außerhalb der Wohnung auf diese Parasiten hin ab. Die meisten Flohhalsbänder wirken auch gegen Zecken, sind aber kein hundertprozentiger Schutz.

• Milben

Am häufigsten werden Katzen von Ohrmilben befallen, die direkt von Tier zu Tier übertragen werden. Ein Befall löst starken Juckreiz aus und kann zu schweren Infektionen führen. Die Milben vermehren sich rasch. Sie scheiden im Gehörgang ihren Kot aus und legen ihre Eier dort hinein. Der Kot bildet eine gute Grundlage für Pilze und weitere Krankheitserreger. Ein Befall ist leicht an der dunklen Verfärbung des äußeren Gehörganges und an einem schlechten Geruch aus den Ohren zu erkennen.

Gehen Sie mit Ihrer Katze zum Tierarzt, der den Befall behandeln kann.

Schutz vor Parasiten

Einen garantierten Schutz vor Parasiten gibt es nicht. Es ist falsch zu denken, dass nur ungepflegte Katzen von Würmern und Flöhen befallen werden können. Es gibt einige recht wirksame Mittel zur Prophylaxe verschiedener Außenparasiten, jedoch bieten auch diese Mittel keinen hundertprozentigen Schutz.

Regelmäßige Wurmkuren sind eine gute Prophylaxe. So verhindern Sie einen schwereren Befall mit diesen unangenehmen Innenparasiten. Foto: M. Leleithner

Parasiten können Ihre Katze auch im eigenen Garten befallen. Foto: N. Heitbrink

Innenparasiten (Endoparasiten)

Innenparasiten dringen in den Organismus ihres Wirts ein und leben und vermehren sich dort. Manche Parasiten zeigen einen komplizierten Lebenszyklus über mehrere Larvenstadien, die alle einen anderen spezifischen Wirt benötigen. Die häufigsten Innenparasiten bei Katzen sind Würmer, allen voran Band- und Spulwürmer.

- **Bandwürmer**

Der Katzenbandwurm ist der häufigste Bandwurm bei Katzen. Er kann die stattliche Länge von über einem halben Meter erreichen! Die Infektion erfolgt über infizierte Mäuse, die sich ihrerseits an Katzenkot, der Bandwurmeier enthielt, infizierten, oder direkt über den Kot anderer Katzen, in dem sich ausgeschiedene Bandwurmglieder (Proglottiden) befinden. Die Proglottiden sind annähernd reiskorngroß und können am After der Katze mit dem Auge gesehen werden. Ein Befall wird schnell mit einer Wurmkur unter Kontrolle gebracht, eine Infektion des Menschen ist selten. Gefährdet sind vor allem kleine Kinder, die beim Spielen mit infiziertem Kot in Berührung kommen.

Wurmkuren

Wenn Sie Ihr Kätzchen nach der zwölften Woche beim Züchter abholen, hat Ihre Katze bereits die erste Wurmkur hinter sich und sollte weitestgehend wurmfrei sein. Von nun an entwurmen Sie Ihre Katze, soweit kein akuter Wurmbefall festgstellt wird, der natürlich sofort behandelt werden muss, im Rhythmus von drei Monaten.

In rohem Fleisch können die verschiedensten Parasiten vorkommen. Um eine Ansteckung zu verhindern, sollten Sie grundsätzlich nur Fertigfutter oder abgekochtes Fleisch verfüttern. Foto: M. Leleithner

• Spulwürmer (Rundwürmer)

Spulwürmer gehören zu den häufigsten Innenparasiten der Katze. Ein Befall kann kaum verhindert werden, denn die Katze kann sich an Mäusen, am Kot infizierter Katzen oder an infiziertem rohen Fleisch anstecken. Der Befall ist auch nicht bedrohlich. Nur für junge Katzen und geschwächte Tiere kann ein übermäßiger Befall sogar lebensbedrohlich werden.

Die Würmer sitzen im Dünndarm der Katze und entziehen dem dort eintreffenden Nährbrei die Nährstoffe, so dass die Katze nicht mehr genügend für sich hat. Vermehren sich die Würmer übermäßig, so können sie auch zu einem Darmverschluss führen. Wird kein akuter Befall festgestellt, genügen die vierteljährlichen Wurmkuren als Prophylaxe aus. Eine Übertragung über den Kot der Katzen auf den Menschen ist möglich, aber eher unangenehm als wirklich gefährlich.

Infektionskrankheiten

Alle Krankheiten, die durch Bakterien oder Viren hervorgerufen werden, bezeichnet man als Infektionskrankheiten. Gegen viele Krankheitserreger gibt es inzwischen wirksame Impfstoffe. Wenn Sie Ihre Katze regelmäßig impfen lassen, brauchen Sie sich bezüglich solch einer Infektion keine Sorgen zu machen. Die häufigsten Krankheiten sollen dennoch der Vollständigkeit wegen aufgeführt werden, auch wenn wirksame Impfungen erhältlich sind.

Toxoplasmose

Die Toxoplasmose wird von dem Einzeller *Toxoplasma gondii* hervorgerufen. Eine Infektion des Menschen über den Kot von Katzen ist möglich. Häufiger ist jedoch die Übertragung durch rohes Fleisch. Katzen infizieren sich über Mäuse oder rohes Schweinefleisch.

Für Schwangere ist eine Erstinfektion mit dem Erreger gefährlich, da dieser schwere Missbildungen beim Fötus verursachen kann. Da die meisten Menschen aber schon unbemerkt eine Infektion überstanden haben, sind sie auch im Besitz von Antikörpern. Schwangere können dies beim Arzt testen lassen. Haben sie genügend Antikörper, besteht kein Grund, die Katze aus dem Haus zu geben.

Virusinfektionen

• Aujeszkysche Krankheit

Symptome Speicheln, Unruhe, Schluckbeschwerden, in der Folge Appetitmangel und Gewichtsverlust, starker Juckreiz

Erreger/Übertragung Das Virus wird über rohes Fleisch infizierter Schweine übertragen.

Krankheitsverlauf/Behandlung Eine Infektion führt sehr schnell, oft innerhalb weniger Tage, mit mehr oder weniger starker Ausprägung der genannten Symptome zum Tod. Eine Heilung ist nicht möglich!

Vorbeugung/Impfung Verfüttern Sie niemals rohes Schweinefleisch, denn dies ist der Hauptinfektionsweg. Eine Impfung ist nicht notwendig und der bei Schweinen verwendete Impfstoff für die Behandlung von Katzen nicht zugelassen.

Die gesunde Katze

Folgende Werte sind als normal für eine Katze anzusehen:

Temperatur	um 38°C
Puls	um 130 Schläge pro Minute
Atmung	um 25 Züge pro Minute

Impfungen

Gegen viele Infektionskrankheiten gibt es es heute wirksame Impfstoffe. Damit der Impfschutz auch wirklich greift, müssen die meisten Impfungen jährlich aufgefrischt werden. Bei der Grundimmunisierung bedenken Sie, dass der vollständige Impfschutz erst nach etwa zwei Wochen erreicht ist. Erst dann hat der Körper genügend eigene Abwehrkräfte gebildet.

Foto: I. Francais

Impfungen sind ein einfacher und sicherer Weg, Ihre Katze vor den gefährlichsten Infektionskrankheiten zu schützen. Foto: N. Heitbrink

Impfschema

8. bis 9. Woche	1. Katzenseuche/ Katzenschnupfen
12. Woche	2. Katzenseuche/ Katzenschnupfen
ab 14. Woche	Tollwut
ab 16. Woche	1. Leukose, evtl. 1. FIP
3 Wochen später	2. Leukose, evtl. 2. FIP

Auffrischungen

jährlich	Katzenschnupfen, Tollwut, Leukose
alle 1 bis 2 Jahre	Katzenseuche

• FIP (Feline infektiöse Peritonitis = infektiöse Bauchfellentzündung)

Symptome Hohes Fieber, Appetitlosigkeit, Infektion des Bauch- oder Brustfells – aber auch anderer Organe und Blutgefäße, aufgetriebener Bauch, Atemnot, Gewichtsverlust

Erreger/Übertragung Wie genau der Erreger, ein Corona Virus, übertragen wird, sich ausbreitet und die Infektion auslöst, ist weitgehend ungeklärt. Es sind wesentlich mehr Katzen infiziert, als wirklich erkranken. Was die Krankheit zum Ausbruch kommen lässt, ist unbekannt. Vielleicht eine allgemeine Schwächung des Immunsystems oder auch Stress.

Krankheitsverlauf/Behandlung Der Krankheitsverlauf ist sehr unterschiedlich, je nachdem, auf welche Bereiche die Infektion sich ausbreitet. Ist der Bauchbereich betroffen, kommt es zum typischen Bild eines durch Wassereinlage-

rung aufgetriebenen Bauchs und gleichzeitigem Abmagern der Gliedmaßen. Ist das Brustfell betroffen, lagert sich dort Wasser ein und es kommt zu starken Atembeschwerden. Neben dieser feuchten gibt es auch eine trockene Form. Dabei sind die Krankheitssymptome weniger typisch ausgebildet. Es kommt zu knotigen Veränderungen an verschiedenen Organen, Gleichgewichtsstörungen, Veränderungen an den Augen, Lähmungen oder Krämpfen. Diese Form der FIP ist relativ schwierig zu diagnostizieren.
Die Erkrankung verläuft, ist sie einmal ausgebrochen, immer tödlich.
Vorbeugung/Impfung Da die Infektionswege ungeklärt sind, ist eine Impfung, die seit einigen Jahren auch in Deutschland erhältlich ist, ratsam.

• **FIV („Katzen-[H]IV")**
Symptome Da es sich hierbei wie beim menschlichen HIV um eine allgemeine Schwächung des Immunsystems handelt, sind die Symptome sehr unterschiedlich. Erste Symptome erinnern eher an eine Erkältung.
Erreger/Übertragung Das FIV (Feline Immundefizienz Virus) wird vor allem durch Blut und Speichel übertragen. Hauptinfektionsursache sind Bisse zwischen Katzen.
Krankheitsverlauf/Behandlung Durch die voranschreitende Schwächung des Immunsystems können sich immer mehr Infektionen ausbreiten, die schließlich zum Tode führen. Eine Heilung ist nicht möglich, es können nur die Folgekrankheiten behandelt werden!
Vorbeugung/Impfung Eine Impfung gibt es nicht. Da nur die Ansteckung von Katze zu Katze möglich ist, sollten Sie das Streunen Ihrer Katze möglichst unterbinden.

Katzen, die häufig unbeobachtet durch die Nachbarschaft streichen, sind besonders vielen Gefahren ausgesetzt. Viele Infektionskrankheiten sind nur durch direkten Körperkontakt übertragbar. Foto: M. Leleithner

Übertragung auf den Menschen

Viele Viren, die Krankheiten bei Katzen auslösen, sind Viren ähnlich, die auch beim Menschen gefährliche Krankheiten auslösen. Das Tollwut-Virus ist jedoch das einzige, das von der Katze auf den Menschen übertragbar ist. Unter den bakteriellen Erregern sind die Tuberkulose und die seltenere Pseudotuberkulose die für den Menschen gefährlichsten auch bei Katzen vorkommende Erkrankungen.

Sie sollten Ihre Katze auch dann impfen lassen, wenn sie sich nur innerhalb der Wohnung aufhält. Es kann immer einmal passieren, dass die Katze streunen geht.
Foto: M. Leleithner

• **Katzenseuche (Panleukopenie)**
Symptome Zunächst hohes Fieber, starker Durchfall (oft blutig, wässrig), Erbrechen, Mattigkeit, in der Folge innerliche Austrocknung und Schmerzen.
Erreger/Übertragung Das Virus, es ist dem Parvovirus ähnlich, das die Parvovirose bei Hunden auslöst, ist sehr widerstandsfähig und leicht übertragbar. Ein direkte Übertragung ist ebenso möglich wie die Ansteckung an Gegenständen, die mit einer kranken Katze in Berührung kamen.
Krankheitsverlauf/Behandlung Der Krankheitsverlauf richtet sich stark nach dem Zustand der Katze. Junge Katzen können innerhalb weniger Stunden nach Infektion sterben, sehr widerstandsfähige Katzen können eine Infektion auch überleben. Typisch ist neben den genannten Symptomen ein starker Rückgang der weißen Blutkörperchen, was Sekundärinfektionen begünstigt.
Vorbeugung/Impfung Da die Viren so widerstandsfähig sind und sich über Monate auch außerhalb des Organismus halten können, muss jede Katze geimpft werden.

Zahnpflege

Es ist nicht unbedingt einfach, einer Katze die Zähne zu putzen, besonders dann nicht, wenn sie nicht von klein auf daran gewöhnt wurde. Doch die Zahnhygiene ist fester Bestandteil der Gesundheitsvorsorge. Auch wenn man eine Zahnfleischentzündung gerne als Lapalie abtun möchte, kann sie zu schweren Infektionen führen.

• **Leukose (Katzenleukämie)**
Symptome Die Symptomatik richtet sich sehr danach, welche Blutzellen die Viren befallen. Typischerweise führt eine Infektion zu einem Rückgang der roten oder weißen oder zu einer starken Vermehrung allein der weißen Blutkörperchen. In der Folge kommt es zu einer Anämie, einer allgemeinen Immunschwächung oder auch zu Tumoren (der inneren Organe, Haut, Lymphknoten).
Erreger/Übertragung Das Virus gehört zu der Gruppe der Retroviren, ist demnach ein Verwandter der HI- und FI-Viren. Die Übertragung ist allerdings wesentlich einfacher, intensiver Körperkontakt beim

gegenseitigen Putzen genügt, da das Virus über jede Körperflüssigkeit ausgeschieden wird.
Krankheitsverlauf/Behandlung Ist die Krankheit noch nicht ausgebrochen, so können immunstärkende Präparate den Ausbruch der Krankheit lange hinauszögern. Immunstarke Katzen können das Virus sogar abwehren und es erkranken letztlich unter 10 % der infizierten. Zwischen der Infektion und dem Ausbruch der Krankheit können mehrere Jahre liegen, in welcher Zeit die Katze die Viren aber schon ausscheiden und andere infizieren kann. Gegen das Virus selbst gibt es kein Mittel, es können nur die Symptome der Folgeerkrankungen behandelt werden.
Vorbeugung/Impfung Die einzig sinnvolle Vorbeugung ist die sicher wirkende Impfung.

• Tollwut

Symptome Plötzliches aggressives oder sehr zutrauliches Verhalten, starker Speichelfluss und Verlust der Körperkontrolle (Muskelzucken, Gleichgewichtsstörungen).
Erreger/Übertragung Das Virus wird von Tier zu Tier über den Speichel übertragen, der in eine offene Wunde gelangen muss. Häufiger Infektionsweg sind Bissverletzungen durch infizierte Wildtiere.
Krankheitsverlauf/Behandlung Die Viren wandern über die Nervenbahnen ins Gehirn, wo sie sich vermehren, um dann in die Speicheldrüsen zu gehen. Im Gehirn kommt es zu Entzündungen, die die motorischen Ausfälle und die Verhaltensänderungen zu verantworten haben. Bei der „Stillen Wut" werden die Tiere sehr anhänglich, bei der „Rasenden Wut" tritt eine plötzliche Aggresssivität auf. Die Infektion führt immer zum Tod, eine Heilung ist nicht möglich. Verdächtige Tiere werden auf amtstierärztliche Anordnung eingeschläfert, eine sichere Diagnose ist erst nach dem Tod möglich.
Vorbeugung/Impfung Einzig mögliche, dafür aber auch sichere Vorbeugung ist die regelmäßige Impfung.

Die Impfungen sind nur ein Teil einer umfassenden Gesundheitsvorsorge. Ein intaktes Immunsystem ist im täglichen Katzenleben fast noch wichtiger. Eine ausgewogene Ernährung ist der Schlüssel zum Erfolg.
Foto: I. Francais

Mischinfektionen

• „Katzenschnupfen"

Symptome Typische Symptome einer Infektion der Atemwege (wie Niesen, leichtes Fieber, Ausfluss) und der Schleimhäute am Kopf. Sind die Mundschleimhäute betroffen, so kann es zur Verweigerung der Nahrungsaufnahme kommen. In schweren Fällen: Entzündungen bis in die Bronchien und eitriger Ausfluss, dann auch Atembeschwerden und Husten.

Erreger/Übertragung Verantwortlich für die Erkrankung sind vor allem Viren, aber es können auch Bakterien an der Infektion beteiligt sein. Typische Tröpfcheninfektion. Ansteckungsorte sind vor allem die, wo viele Katzen zusammenkommen wie auf Ausstellungen, im Tierheim etc.

Krankheitsverlauf/Behandlung Der Verlauf ist von den an der Infektion beteiligten Viren und Bakterien abhängig. Von leichten Verläufen, die wirklich nur einem Schnupfen ähneln, kann es bis zu sehr schweren Infektionen der gesamten Atemwege einschließlich der Lungen kommen. Die Infektion der Gesichtsschleimhäute kann auch zu Geschwüren vor allem im Maul und in den Augen führen. Die Behandlung kann länger dauern, ist aber erfolgversprechend.

Vorbeugung/Impfung Meiden Sie möglichst Orte, an denen sich viele Ihnen unbekannte Katzen aufhalten.
Gegen die gefährlichsten Erreger gibt es Kombinationsimpfungen.

Hautkrankheiten

Veränderungen der Haut können die verschiedensten Ursachen haben. Parasiten wie Flöhe, Milben oder Zecken schädigen die Haut durch ihre Bisse und eventuell auftretende allergische Reaktionen. Viele Hautkrankheiten haben auch bakterielle Ursachen, sind die Folge einer Pilzinfektion oder auch die allergische Reaktion auf ein bestimmtes Futter. Die genaue Diagnose ist schwierig zu stellen und in jedem Fall Sache Ihres Tierarztes.

Klare Augen, saubere Ohren und eine Nase, die frei von Ausflüssen ist, sind offensichtliche Anzeichen dafür, dass es Ihrer Katze gut geht. Foto: I. Francais

Zucht und Ausstellung

Nur der kleinere Teil der Katzenliebhaber entscheidet sich dafür, mit seiner Katze zu züchten. Die Zucht will gut überlegt sein, denn die Kätzchen sollen gesund sein und später einmal in gute Hände abgegeben werden. Bereiten Sie sich gründlich auf diese verantwortungsvolle Aufgabe vor.
Foto: I. Francais

Die meisten Menschen halten ihre Katze als reines Liebhabertier. Die Katze wird, gleich ob Kätzin oder Kater, nach Erreichen der Geschlechtsreife kastriert – an eine Zucht ist somit nicht zu denken. Andere lassen ihre Katze zwar auch kastrieren, finden jedoch Spaß daran, sie auf den regelmäßig stattfindenden Katzenausstellungen bewerten zu lassen. Da es immer auch eine Gruppe für Kastraten gibt, ist dies kein Problem. Die dritte Gruppe Katzenhalter, die sicher in der Minderheit ist, züchtet mit ihrer Katze. Manche halten einen Kater zum Decken, andere halten sich eine unkastrierte Kätzin, lassen sie belegen und ziehen mit ihr Welpen auf. Auch wenn dieser kleiner Ratgeber nicht ausführlich auf Zucht und Ausstellung eingehen kann, so soll Ihnen doch zumindest ein Eindruck vermittelt werden, was auf Sie mit der Entscheidung, Ihre Katze auszustellen oder mit ihr zu züchten, zukommen kann.

Überlegungen vor der Zucht

Es klingt so banal, ist aber dennoch die Sache, die die größten Einschränkungen mit sich bringt, wenn Sie züchten wollen: Sie müssen sich im Zusammenleben mit einer unkastrierten Katze arrangieren. Eine rollige Kätzin stellt keine geringe Belastung dar. In einer Mietswohnung werden Ihre Nachbarn den ohrenbetäubenden Lärm ihres Schreiens sicher nicht lange mitmachen. Es gibt Medikamente, die die Rolligkeit unterdrücken. Diese Hormonpräparate sollten jedoch nicht auf Dauer gegeben werden. Wollen Sie Ihre Katze decken lassen, sollte diese zumindest eine Rolligkeit nach dem Ende der Pillengabe durchgemacht haben.

Vorraussetzungen für die Zucht

Welche Vorraussetzungen Sie zum Züchten erfüllen müssen, hängt sehr davon ab, ob Sie innerhalb eines Vereins züchten oder nicht. Wenn Sie jedoch eine wertvolle Rassekatze mit Abstammungspapieren besitzen, möchten Sie wahrscheinlich auch, dass die Nachkommen diese Papiere erhalten. Das ist aber nur innerhalb eines Vereins möglich.

Vor der Zucht müssen Sie dann neben den Vorschriften, die das Tierschutzgesetz einer Zuchtstätte macht, die Auflagen Ihres Vereins erfüllen. Diese betreffen unter anderem das Alter der Zuchttiere, deren Gesundheitszustand, vorgeschriebene Impfungen und die Anzahl der Würfe pro Jahr, ferner die Größe und Ausstattung der Zuchtstätte. Erkundigen Sie sich hierzu vor der Zucht genau bei Ihrem Verein, denn die Bestimmungen sind recht unterschiedlich.

Auswahl der Zuchttiere

Es gehört schon etwas Fingerspitzengefühl und züchterischer Verstand dazu, den richtigen Zuchtkater für Ihre Katze auszusuchen. Einfach die beiden bestprämierten Katzen einer Rasse zu verpaaren bringt alleine sicher nicht den gewünschten Zuchterfolg. Vielmehr bedarf es schon eines gewissen Grundverständnisses genetischer Zusammenhänge und natürlich auch eines Quäntchens Glück.

Ein Züchter sollte sich mit den Vererbungsgesetzen gut auskennen, um die Zuchttiere so auswählen zu können, dass die Nachkommen weitgehend seinen Vorstellungen entsprechen werden. Foto: I. Francais

Wichtiges rund um die Zucht

Die Rolligkeit

Katzen werden zwischen dem fünften und neunten Lebensmonat das erste Mal rollig. Zu dieser Zeit befinden sich befruchtungsfähige Eier im Eierstock der Katze. Die Rolligkeit dauert etwa eine Woche. Der Eisprung wird bei Katzen erst durch den Deckakt ausgelöst. Findet keine Paarung statt, bauen sich die befruchtungsfähigen Eier im Eierstock ab. Die Katze wird nach frühstens drei Wochen erneut rollig.

Der Deckakt

Der Deckakt findet wegen der erwähnten Besonderheiten sinnvollerweise beim Besitzer des Deckkaters statt. Sie bringen Ihre rollige Katze zu dem Züchter, der sie einige Tage bei sich behält. In aller Regel klappt die Belegung, und Sie können Ihre Katze wieder zu sich nach Hause holen. Der Züchter stellt einen Deckschein aus, den Sie bei Ihrem Verein vorlegen müssen. Auch nach erfolgreicher Belegung zeigt die Katze noch einige Tage die typischen Merkmale der Rolligkeit und sollte auf keinen Fall mit einem anderen potenten Kater zusammenkommen.

Die erste Geburt

Katzen brauchen bei der Geburt selten unsere Hilfe. Dennoch wird die erste Geburt für die Katze und für Sie als Züchter sehr aufregend sein. Am besten vereinbaren Sie mit einem erfahrenen Züchter, dass er bei der Geburt dabei ist. Sollte es zu Komplikationen kommen, kann er mit seiner Erfahrung bestimmt helfen.

Der Deckkater

Die Haltung eines Deckkaters ist nicht einfach. Unkastrierte Kater markieren ihr Revier und signalisieren ihre Fortpflanzungsbereitschaft, indem sie ihr Urin verspritzen. Dies geschieht etwa ab dem neunten Monat. Der Geruch ist unangenehm. Die Haltung eines unkastrierten Katers ist in den Wohnräumen eigentlich unmöglich.

Die Trächtigkeit

Die Trächtigkeit dauert bei Katzen etwa zwei Monate, maximal zehn Wochen. Die Kätzchen werden im Abstand von etwa einer Viertelstunde mit geschlossenen Augen geboren. Nach etwa zehn Tagen öffnen sich die Augen.

Der Zwingername

Wenn Sie züchten wollen, sollten Sie einem Rassekatzenverein beitreten, der die Abstammungspapiere Ihrer Katze anerkennt. Idealerweise ist dies der Verein, der die Ahnentafel ausgestellt hat. Bei Ihrem Verein können Sie dann Ihren Zwingernamen, also der Name, unter dem Sie züchten wollen, eintragen und schützen lassen. Der Zwingername wird gleichzeitig der Nachname Ihrer Katzen.

Einen geeigneten Zuchtkater für Ihre Katze zu finden, sollte nicht schwierig sein, wenn Sie genaue Vorstellungen von seinen Eigenschaften haben.
Foto: I. Francais

Wenn Sie das erste Mal züchten wollen, fragen Sie am besten erfahrene Züchter in Ihrem Klub, worauf diese bei der Auswahl eines zu Ihrer Kätzin passenden Zuchtkaters Wert legen würden. Die Auswahl ist groß, aber nicht alle Deckkaterbesitzer sind bereit, ihren Zuchtkater zur Verfügung zu stellen, denn die Mühen, die die Haltung mit sich bringt, sind groß. Bemühen Sie sich rechtzeitig um einen Kontakt zu einem seriösen Züchter auf Ausstellungen oder über die einschlägig bekannte Literatur. Die Besitzer werden von Ihnen einen Preis für die erfolgreiche Belegung fordern.

Geburt und Aufzucht

Die Trächtigkeit einer Katze dauert zwischen knapp sechszig und siebzig Tagen. Kurz vor der Geburt sucht die Katze ein bequemes Plätzchen auf. Bieten Sie ihr eine Wurfkiste an, die Sie weich auskleiden. Die Katze legt sich unmittelbar vor der Geburt dort hinein und beginnt, sich ausgiebig an der Scheide zu lecken. Eine Katze bringt drei bis sechs Welpen zur Welt. Jeder Welpe hat im Mutterleib seine eigene Fruchtblase und seine eigene Plazenta. Die Welpen werden meistens im Abstand von wenigen Minuten bis zu etwa einer halben Stunde geboren. Es können aber auch deutlich längere Zeiten dazwischen liegen. Die Kätzin befreit die Jungen aus der Fruchtblase, sofern diese während der Geburt nicht bereits gerissen ist. Danach leckt sie sie sauber und frisst die Nachgeburt auf. In den folgenden beiden Wochen besteht der Tag der Kätzchen aus schlafen und trinken. Die Kätzin muss nun reichlich hochwertiges Futter bekommen, um genügend Milch produzieren zu können. Besprechen Sie mit Ihrem Tierarzt, welche Nahrungszusätze er darüber hinaus empfiehlt. Vita-

mine und Mineralstoffe in richtiger Dosierung helfen Mutter und Welpen in dieser anstrengenden Phase.
Ab der dritten bis vierten Woche beginnen Sie mit ersten Zufütterungen. Geben Sie künstliche Welpenmilch und vermengen Sie diese mit etwas Welpenfutter. Mengen Sie täglich etwas mehr Futter darunter, bis die Kleinen etwa in der achten Woche von der Muttermilch entwöhnt werden.
Komplikationen bei der Geburt und der Aufzucht kann es immer geben. Manche Katze hat Schwierigkeiten während der Geburt, sie nimmt ihre Jungen nicht an oder hat nicht genügend Milch für alle. Deshalb der drigende Rat, bei der ersten Geburt Ihrer Katze einen erfahrenen Züchter zumindest abrufbereit in Ihrer Nähe zu haben, der bei Komplikationen helfen kann. Natürlich ist es am besten, er könnte bei der Geburt wirklich bei Ihnen sein.

Die Katzenausstellung

An einer Katzenausstellung kann fast jede Katze teilnehmen. Neben den vom jeweiligen Veranstalter anerkannten Rassekatzen gibt es auf gemischten Ausstellungen auch meist eine Kategorie für Hauskatzen. Auch kastrierte Katzen werden in einer eigenen Gruppe bewertet.

Wer züchtet, möchte seine Zuchterfolge auch auf Ausstellungen bestätigt bekommen. Auf Ausstellungen treffen Sie viele interessierte Katzenliebhaber zum Erfahrungsaustausch. Foto: I. Francais

Die Katzenausstellung

Ausstellungen, auf denen Rassetiere vorgeführt werden, genießen in der breiten Bevölkerung einen oft eher zweifelhaften Ruf. Häufig fällt es auch nicht schwer, darin einen „Jahrmarkt der Eitelkeiten" zu entdecken. Die Motivation des Ausstellers sollte es aber nicht sein, mit seiner prächtigen Katze auch gleich sich selbst ins rechte Licht zu rücken. Obgleich natürlich jeder Züchter stolz darauf sein darf, dass seine Arbeit auch die gewünschten Früchte trägt. Eine Ausstellung dient direkt der Rasse, denn hier werden die ausgestellten Katzen mit den Zuchtstandard verglichen und dementsprechend bewertet. Eine Ausstellung gibt so ein gutes Bild darüber ab, in welchem Zustand sich eine Rasse befindet. Züchter finden hier geeignete Zuchtpartner für ihre Katzen, künftige Halter können Kontakte zu Züchtern und Vereinen knüpfen und wertvolle Informationen mit nach Hause nehmen.

Voraussetzung für die Teilnahme an einer Ausstellung ist es, dass Sie Mitglied in einem Verein sind und die Abstammungspapiere vom Organisator der Ausstellung anerkannt werden. Ferner müssen Sie Ihre Katze bis zum genannten Meldeschluss der Ausstellung angemeldet und die Anmeldegebühr entrichtet haben. Am Ausstellungstag muss Ihre Katze gesund sein und den vollen Impfschutz besitzen, sonst dürfen sie mit ihr nicht auf das Ausstellungsgelände.

Die Katzen werden in verschiedenen Gruppen beurteilt, die sich in erster Linie nach der Rasse richten. Das Urteil des Richters über Ihre Katze kann natürlich von Ihren Vorstellungen abweichen, muss aber akzeptiert werden. Letztlich liegt die Bewertung trotz der objektiven Standards, die es für jede Rasse gibt, teilweise noch im Ermessen des Richters. Seien Sie nicht unglücklich, wenn Ihre Katze nicht als Sieger die Ausstellungshalle verlässt. Die Konkurrenz ist groß und vielleicht bewertet ein anderer Richter Ihre Katze auch positiver. Egal wie das Ergebnis auch sein wird, Ihre Katze bleibt bestimmt auch danach Ihr Liebling – und das ist auch das Wichtigste.

Haben diese Beiden die Veranlagung zum Champion? Eine so frühe Einschätzung ist immer schwierig. Foto: M. Leleithner

Register